Jean-Christophe Bonhivers

Nouvelle méthode d'analyse énergétique des procédés industriels

AF209891

Jean-Christophe Bonhivers

Nouvelle méthode d'analyse énergétique des procédés industriels

Méthode d'intégration énergétique pour la rétro-installation des systèmes industriels

Presses Académiques Francophones

Impressum / Mentions légales

Bibliografische Information der Deutschen Nationalbibliothek: Die Deutsche Nationalbibliothek verzeichnet diese Publikation in der Deutschen Nationalbibliografie; detaillierte bibliografische Daten sind im Internet über http://dnb.d-nb.de abrufbar.
Alle in diesem Buch genannten Marken und Produktnamen unterliegen warenzeichen-, marken- oder patentrechtlichem Schutz bzw. sind Warenzeichen oder eingetragene Warenzeichen der jeweiligen Inhaber. Die Wiedergabe von Marken, Produktnamen, Gebrauchsnamen, Handelsnamen, Warenbezeichnungen u.s.w. in diesem Werk berechtigt auch ohne besondere Kennzeichnung nicht zu der Annahme, dass solche Namen im Sinne der Warenzeichen- und Markenschutzgesetzgebung als frei zu betrachten wären und daher von jedermann benutzt werden dürften.

Information bibliographique publiée par la Deutsche Nationalbibliothek: La Deutsche Nationalbibliothek inscrit cette publication à la Deutsche Nationalbibliografie; des données bibliographiques détaillées sont disponibles sur internet à l'adresse http://dnb.d-nb.de.
Toutes marques et noms de produits mentionnés dans ce livre demeurent sous la protection des marques, des marques déposées et des brevets, et sont des marques ou des marques déposées de leurs détenteurs respectifs. L'utilisation des marques, noms de produits, noms communs, noms commerciaux, descriptions de produits, etc, même sans qu'ils soient mentionnés de façon particulière dans ce livre ne signifie en aucune façon que ces noms peuvent être utilisés sans restriction à l'égard de la législation pour la protection des marques et des marques déposées et pourraient donc être utilisés par quiconque.

Coverbild / Photo de couverture: www.ingimage.com

Verlag / Editeur:
Presses Académiques Francophones
ist ein Imprint der / est une marque déposée de
OmniScriptum GmbH & Co. KG
Heinrich-Böcking-Str. 6-8, 66121 Saarbrücken, Deutschland / Allemagne
Email: info@presses-academiques.com

Herstellung: siehe letzte Seite /
Impression: voir la dernière page
ISBN: 978-3-8381-4359-0

TABLE DES MATIÈRES

2

RÉSUMÉ

L'augmentation rapide de la création de richesses ces dernières décennies a suscité le besoin d'améliorer la gestion globale des ressources naturelles et d'accroître l'efficacité de la production industrielle. Afin de répondre à ce besoin, les méthodes d'intégration énergétique pour les systèmes industriels ont été développées. Elles ont un succès évident dans le domaine de la conception de nouvelles usines : les principes d'intégration sont enseignés et appliqués, et l'intensité énergétique des nouveaux procédés a beaucoup diminué. En comparaison, les méthodes d'intégration par rétro-installation requièrent encore des développements conceptuels bien que des progrès significatifs aient été réalisés. Le principe des approches actuelles consiste souvent à identifier des modifications qui permettent au système existant de se rapprocher d'une situation de référence. Leur utilisation est difficile, et les difficultés méthodologiques augmentent si le réseau inclut différents types de transfert de chaleur, par exemple des échangeurs à contact indirect et des mélanges non-isothermes, comme dans les usines papetières où les réseaux d'eau et d'énergie sont étroitement liés.

L'industrie papetière essaie d'augmenter sa rentabilité par la réduction des coûts de production et l'amélioration de la chaîne logistique. À la suite de récents développements de procédé, le bioraffinage forestier offre à l'industrie papetière des opportunités de se diversifier, d'élargir son portefeuille de bioproduits et de moderniser son système énergétique. Cependant l'identification de stratégies énergétiques pour un site industriel, incluant les possibilités de transformation d'une usine papetière, nécessite l'utilisation de méthodes d'intégration adéquates en situation de rétro-installation.

L'objectif de cette thèse est développer une méthode d'intégration énergétique pour la rétro-installation des procédés industriels en général et la transformation des usines papetières, et de l'appliquer à des études de cas.

4

L'énergie est conservée et dégradée dans un procédé. La chaleur est soit convertie en électricité, soit stockée sous forme chimique, soit rejetée à l'environnement où sa dégradation est maximale. L'analyse des dégradations successives de l'énergie entre les utilités chaudes et l'environnement au travers des opérations de procédé et des échangeurs de chaleur existants est de grande importance pour réduire la consommation de chaleur.

La méthode pontale d'intégration énergétique par rétro-installation a été développée dans le cadre de cette thèse. Cette méthode est la seule à considérer cette analyse des dégradations. Le processus fondamental de réduction de consommation d'énergie est pour la première fois rendu explicite; il est à la base de la méthode développée. La méthode pontale inclut la définition du « pont », qui est un ensemble de modifications conduisant à une réduction de la consommation d'énergie dans un réseau d'échangeurs de chaleur. Il est prouvé que, pour un ensemble donné de courants, seulement un pont peut réduire la consommation d'énergie. La méthode pontale inclut une procédure pour énumérer les ponts de façon systématique, une « table de réseau » pour l'évaluation facile de ceux-ci, une procédure générale pour la rétro-installation des réseaux d'échangeurs de chaleur, et un « diagramme de transfert d'énergie » permettant de visualiser les deux premiers principes de la thermodynamique dans un procédé industriel et identifier l'ensemble des opportunités énergétiques. La méthode peut être utilisée pour l'analyse des réseaux incluant plusieurs types de transfert de chaleur, et pour l'intégration à l'échelle du site industriel.

La méthode pontale a ensuite été appliquée pour la rétro-installation des réseaux d'échangeurs de chaleur à contact indirect, incluant celui d'un procédé de pâte kraft, et des réseaux d'échangeurs de chaleur à contact direct, incluant le système de production d'eau chaude d'une usine papetière. Elle a finalement été utilisée pour l'intégration d'un procédé de bioraffinage, seul ou bien associé à un procédé de pâte kraft. Les résultats montrent que la méthode pontale permet de réduire efficacement l'espace de recherche et identifier les solutions pertinentes.

La nécessité du pont pour réduire les entrées et sorties d'un procédé est une conséquence des deux premiers principes de la thermodynamique de conservation de l'énergie et augmentation de l'entropie. Le principe du pont peut être utilisé tant dans les approches numériques d'optimisation pour l'intégration énergie, que librement comme outil d'analyse de procédé.

LISTE DES SIGLES ET ABRÉVIATIONS

A_i Aire de surface d'échange pour l'intervalle de température i

$a_m^s\, b_n^r$ Couple composé du fournisseur de A_m et du récepteur de B_n, où A_m et B_n désignent un réchauffeur, un échangeur interne ou un refroidisseur.

B   Exergie, kJ

c_x^r Récepteur du système de refroidissement C_x

c_x^s Fournisseur du système de refroidissement C_x

C_x Refroidisseur ou système naturel de refroidissement

Cp   Chaleur spécifique, kJ/°C/kg

CU   Utilité de refroidissement

$\dot{E}(T)$ Débit d'énergie transférée à travers la température T, kW

E_y Échangeur de chaleur interne (procédé-procédé)

e_y^r Récepteur de l'échangeur interne E_y

e_y^s Fournisseur de l'échangeur interne E_y

Env: Environnement

F_i Facteur de correction pour l'intervalle de température i

$h_{j,i}$ Coefficient de transfert de chaleur du courant chaud j dans l'intervalle de température i

$\dot{h}_i(T)$ Débit de chaleur cumulée de l'entrée i à la température T, kW

$\dot{h}_o(T)$ Débit de chaleur cumulée de la sortie o à la température T, kW

H   Enthalpie, kJ

$H_i(T)$ Enthalpie massique de l'entrée i à la température T, kJ/kg

$H_o(T)$ Enthalpie massique de la sortie o à la température T, kJ/kg

H_z Réchauffeur

h_z^r Récepteur du réchauffeur H_z

h_z^s Fournisseur du réchauffeur H_z

HU   Utilité de chauffage

$\dot{m}_i$ Débit massique de l'entrée i, kg/s

$\dot{m}_o$ Débit massique de la sortie o, kg/s

N_c Nombre de courants froids

N_h Nombre de courants chauds

N_s Nombre de systèmes séparés

N_{Umin} Nombre minimum d'unités d'échangeur de chaleur

$Q_{j,i}$ Chaleur transférée du courant chaud j dans l'intervalle de température i

S   Entropie, kJ/°C

T_c Température d'extrémité froide

T_e Température de l'environnement

T_h Température d'extrémité chaude

T_i Température de l'entrée i

T_o Température de la sortie o

ΔTlm_i Moyenne logarithmique de différence de température dans l'intervalle i

CHAPITRE 1 INTRODUCTION

1.1 Problématique et mise en contexte

Depuis plusieurs années, l'industrie papetière au Canada connaît des difficultés de rentabilité. La rentabilité dépend du volume de vente et de la différence entre le prix de vente et le coût de production. Le volume de vente n'augmente pas et même décroît dans certaines catégories de papier, correspondant à des changements de consommation. Le prix de vente est resté bas du fait d'une surabondance de l'offre, venant notamment d'une compétition avec des producteurs à bas coût. Les coûts de production des usines papetières au Canada sont relativement élevés, principalement du fait de leur taille modeste, leur plus faible efficacité due à un sous-investissement, et le coût de la biomasse et de la main-d'œuvre. Cette situation a suscité une réorganisation de l'industrie et des changements importants, notamment dans la conscience de la nécessité de réduire les coûts relatifs à la consommation d'énergie, la gestion de la chaîne logistique, et la vision du modèle d'affaires.

Des développements récents de bioprocédés permettant de mieux valoriser la biomasse forestière ont mené au concept de « bioraffinerie », qui offre de grandes opportunités tant pour la société que pour l'industrie forestière. La biomasse peut devenir une matière première privilégiée pour la production de composés biochimiques à valeur ajoutée, biomatériaux, et combustibles/carburants/électricité si ces derniers sont obtenus en parallèle avec d'autres produits sur le site industriel.

Les usines papetières sont considérées comme des hôtes naturels pour accueillir des procédés de bioraffinage. Identifier des stratégies énergétiques pertinentes pour le site industriel nécessite l'utilisation de méthodes d'analyse efficaces. La référence dans le domaine est l'Analyse de Pincement qui a été conçue dans les années '70 à la suite du choc pétrolier pour la synthèse de nouveaux réseaux d'échangeurs à contact indirect [1-9]. Son succès est dû à sa simplicité et la visualisation au niveau du système. Elle a

9

connu des développements importants, incluant l'analyse au niveau de l'ensemble d'un nouveau site industriel [10]. Cependant des difficultés pour élargir son utilisation sont rencontrées, particulièrement dans les conditions suivantes, qui sont celles du problème de l'intégration du bioraffinage dans les usines papetières : situation de rétro-installation; interactions étroites entre le réseau d'eau et d'énergie; modernisation des équipements; ajout et modifications majeures d'opérations.

Les besoins d'amélioration méthodologique sont devenus évidents. Au cours des réflexions pour résoudre ces difficultés, plusieurs concepts ont été découverts et une nouvelle méthode d'intégration énergétique par rétro-installation des procédés en général, et qui répond aussi aux besoins de l'industrie papetière, a été conçue.

1.2 Objectifs

L'objectif principal de la thèse est de développer une méthode d'intégration énergétique par rétro-installation des procédés en général, qui puisse être utilisée pour l'identification de modifications dans les échangeurs de chaleur à contact indirect, les transferts directs de chaleur et les opérations de procédé, ainsi que pour l'intégration des usines papetières et des bioraffineries.

Les objectifs spécifiques sous-jacents à cet objectif général sont :

- Développer une méthode de rétro-installation des réseaux d'échangeurs de chaleur à contact indirect basée sur l'analyse de la dégradation de l'énergie transférée des utilités chaudes jusqu'à l'environnement au travers des échanges existants et valider la méthode avec des études de cas, incluant le réseau correspondant à un procédé de pâte kraft.

- Étendre la méthode à la rétro-installation des réseaux impliquant des transferts directs de chaleur et valider avec des études de cas, incluant le système de production d'eau chaude du procédé de pâte kraft.

10

- Étendre la méthode à l'analyse des opérations de procédé et valider avec des études de cas, incluant l'intégration d'une bioraffinerie et une usine de pâte kraft.

1.3 Organisation de la thèse

Cette thèse, qui a pour titre « *Nouvelle méthode d'intégration énergétique pour la rétro-installation des procédés industriels et la transformation des usines papetières»,* est une thèse présentée par articles. Les travaux présentés dans cette thèse sont basés sur quatre articles principaux.

Le cœur de cette thèse comporte quatre parties principales:

- Le chapitre 2 présente une revue de littérature pertinente au sujet de recherche et identifie des lacunes dans l'ensemble des connaissances revues.
- Le chapitre 3 introduit l'approche méthodologique qui a été suivie au cours du projet.
- Le chapitre 4 présente la synthèse des travaux effectués. Cette section débute avec une présentation générale des articles, et ensuite présente la méthode développée pour l'intégration énergétique.
- Une discussion générale reliée à l'ensemble des travaux et leurs implications est présentée au chapitre 5.

Finalement, le chapitre 6 résume les contributions à l'ensemble des connaissances et apporte des recommandations quant à de futurs travaux possibles.

CHAPITRE 2   REVUE CRITIQUE DE LA LITTÉRATURE

Le concept d'intégration énergétique et son langage ont d'abord été développés dans un cadre méthodologique de conception de réseaux d'échangeurs à contact indirect avec pour objectif de réduire les coûts d'énergie. Ce réseau a souvent un impact majeur sur le profil énergétique d'une usine. La première partie de ce chapitre passe en revue les principales approches développées pour la rétro-installation de ceux-ci.

Les interactions entre les réseaux d'eau et d'échangeurs de chaleur sont étroites dans les procédés papetiers. Dans la pratique, l'efficacité énergétique des usines peut souvent être améliorée par des modifications dans le circuit d'eau. La seconde partie présente les principales approches d'analyse des interactions entre les réseaux d'eau et de chaleur.

Quels concepts sont actuellement utilisés pour aborder le problème d'intégration énergétique par rétro-installation ? « Une image vaut mieux que mille mots ». Les con-cepts sont dé-veloppés et sont ensuite représentés par une image, un diagramme pour la capt-ure, la com-préhension de ceux-ci. Ce besoin de déballer et voir afin de prendre et capturer se retrouve dans le langage. La troisième partie de ce chapitre passe en revue les représentations visuelles des concepts utilisés pour le problème de rétro-installation.

2.1 Méthodes de rétro-installation des réseaux d'échangeurs de chaleur à contact indirect

Les méthodes de rétro-installation peuvent être classées en trois catégories : (1) les approches basées sur la technologie du pincement, l'analyse thermodynamique au niveau du système et le jugement d'ingénierie; (2) les approches combinant l'analyse de pincement et des méthodes d'optimisation numérique; et (3) les méthodes basées sur l'optimisation numérique [11]. Ces différentes approches sont présentées ci-après.

2.1.1 Méthodes basées sur l'analyse de pincement

Tjoe et Linnhof ont été les premiers à proposer une méthode de rétro-installation basée sur l'analyse de pincement [12]. La formule de Bath de l'équation 1 a été développée pour évaluer la surface d'échange minimale nécessaire pour une différence de température d'approche fixée entre les courbes composites chaudes et froides de l'analyse de pincement, HRATD [13]. Les courbes composites sont décomposées en intervalles de températures i à l'intérieur desquels aucun courant ne commence ou se termine. Il est supposé que tous les transferts de chaleur sont verticaux, ce qui conduit à la surface minimale d'échange, ainsi qu'une résistance au transfert nulle au niveau de la paroi séparant les fluides chauds et froids.

$$A_i = \frac{1}{F_i \, (\Delta Tlm)_i} \left(\sum_j \frac{Q_{j,i}}{h_{j,i}} + \sum_k \frac{Q_{k,i}}{h_{k,i}} \right) \qquad \text{Équation 1}$$

La moyenne logarithmique de la différence de température pour chaque intervalle i, $(\Delta Tlm)_i$, diminue avec la différence de température d'approche. De la sorte, la surface minimale d'échange est inversement proportionnelle à la différence de température entre les courbes dans chaque intervalle. Par conséquent, la consommation minimale de chaleur pour le réseau et la surface minimale d'échange

13

correspondante peuvent être ciblées. Les auteurs proposent de comparer la surface minimale et la surface d'échange réellement utilisée. Le ratio entre ces deux surfaces est nommé « efficacité d'aire ». Le graphe de différence de température (heat-driving force plot, décrit dans la section 2.3), où les différences de température minimale et existante sont représentées en fonction de la température des demandes du réseau, permet de diagnostiquer les transferts peu efficaces [14]. Les échangeurs dont l'aire est mal utilisée sont des cibles prioritaires pour des modifications. La courbe d'efficacité constante de surface, représentant le coût d'investissement lié à l'achat de surface d'échange en fonction de la consommation d'énergie thermique, est utilisée pour prédire la surface d'échange nécessaire pour la rétro-installation du réseau et représenter le compromis entre l'économie d'énergie et le coût d'investissement lié à l'ajout de surface d'échange [15].

Une approche préconisée pour réduire la consommation d'énergie consiste à construire un nouveau réseau virtuel par la méthode de conception du pincement (pinch design method) [16-18] après avoir estimé une différence de température d'approche raisonnable, soit par l'expérience soit avec la formule de Bath [19], et ensuite d'essayer d'effectuer un petit nombre de modifications dans le réseau existant afin de le rapprocher du réseau virtuel. L'efficacité d'un échangeur peut être augmentée par exemple en modifiant le débit d'un des deux courants. Les boucles et les chemins refroidisseurs-réchauffeurs sont également exploités afin de réduire le coût d'investissement. Une approche légèrement différente pour reconcevoir le réseau est d'essayer de supprimer un ou tous les transferts traversant le pincement, et de réarranger ensuite le réseau en essayant de garder le plus possible la structure existante. Cette dernière approche est celle proposée dans la méthode Matrix.

Méthode Matrix pour la rétro-installation des réseaux

Comme l'estimation du coût d'investissement lié à la surface d'échange en fonction de la différence de température d'approche HRATD par la formule de Bath est très approximative, surtout en situation de rétro-installation car les échanges dans les réseaux avant et après rétro-installation ne sont généralement pas verticaux et incluent des transferts croisés (criss-cross), la méthode Matrix utilise une approche exploratoire [20-21]. Elle parcourt un large éventail de possibilités pour identifier des solutions acceptables, en diminuant d'une part progressivement la différence de température d'approche HRATD à partir de sa valeur actuelle, d'autre part en éliminant progressivement les échanges traversant le pincement, et enfin, pour chaque HRATD et chaque combinaison d'échanges traversant le pincement supprimés, en identifiant les réarrangements les moins coûteux dans le réseau (Figure 2-1). La procédure d'exploration est en partie automatisée. Un algorithme coupant les branches d'exploration inutiles a été développé et récemment inséré dans la méthode. Un avantage de cet outil est l'évaluation précise des coûts du réseau après rétro-installation, qui incluent les variables suivantes: la surface d'échange, la distance entre les courants, le type d'échangeur, les équipements auxiliaires, les contraintes d'espace, les coûts de pompage et de maintenance, et l'encrassement des échangeurs. Les relations de Reynolds, Nusserl, Prandtl notamment sont utilisées pour évaluer les pertes de charge, les coefficients de transferts de chaleur et l'encrassement [22-27]. Les résultats de l'évaluation des coûts sont affichés dans une « matrice », un tableau dont les lignes correspondent aux courants chauds et les colonnes des courants froids, d'où le nom de la méthode. En résumé, cette approche se base sur l'analyse de pincement, mais explore un large spectre de possibilités en faisant varier la température d'approche HRATD et en faisant varier les échanges traversant le pincement supprimés, et évalue avec grande précision les coûts du réseau modifié.

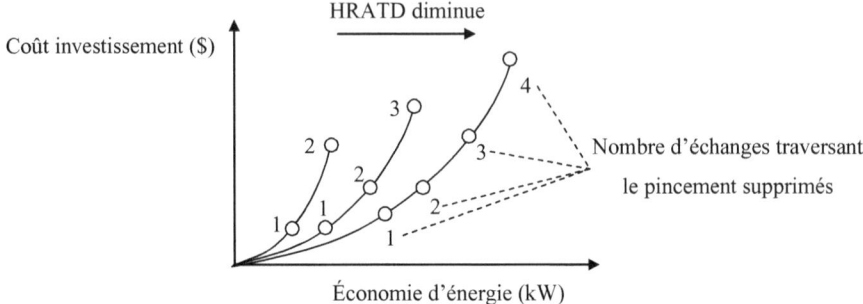

Figure 2-1 Exploration de solutions avec la méthode Matrix.

Approche d'Analyse de Chemins et de Ciblage Structurel

Cette approche permet d'identifier les parties d'un réseau avec un haut potentiel d'économie. Une lacune importante de l'analyse de pincement réside dans le manque d'information sur la façon de réarranger le réseau après avoir supprimé des échanges traversant le pincement.

L'Analyse de Chemin (Path Analysis) [28] et sa version ultérieure, le Ciblage Structurel (Structural Targeting) [29], tentent de cerner les modifications réalisables en pratique en décomposant d'abord le réseau en zones et ensuite en combinant celles-ci en sous-réseaux. Une zone contient un ou plusieurs échangeurs dans le réseau initial. Un échangeur de chaleur doit être inclus dans seulement une zone. Une source ou une demande par contre peut aller d'une zone à une autre. Une zone est une partie du réseau qui peut facilement être intégrée. Par exemple les échangeurs le long d'un chemin refroidisseur-réchauffeur dans le réseau initial peuvent être inclus dans une zone. Une autre possibilité est la proximité géographique de plusieurs échangeurs. Le réseau initial est dans un premier temps décomposé en zones

16

facilement intégrables, selon des règles heuristiques (van Reisen *et al*, 1997). Ensuite ces zones sont combinées entre elles en sous-réseaux, en commençant avec des combinaisons de deux zones, puis trois zones, etc., jusqu'à l'ensemble du réseau. Des règles heuristiques pour former des sous-réseaux à partir des combinaisons de zones sont proposées. Chaque sous-réseau doit inclure au moins un refroidisseur et un réchauffeur. Une zone qui inclut à la fois un refroidisseur et un réchauffeur forme un sous-réseau à elle seule. Chaque sous-réseau est ensuite évalué : sa consommation actuelle est comparée avec celle provenant du ciblage obtenu par l'analyse de pincement du sous-réseau. Les sous-réseaux sont classés selon leur potentiel d'économie d'énergie ou de rentabilité. Les plus prometteurs sont modifiés : les échanges traversant le pincement d'un sous-réseau sont supprimés et les réarrangements subséquents, limités au sous-réseau, sont identifiés.

Les différences entre l'Analyse de Chemins et sa version ultérieure, le Ciblage Structurel, résident en ce que les règles heuristiques pour délimiter les zones sont plus détaillées dans la seconde, et en ce que sa terminologie reflète mieux l'ensemble des projets de rétro-installation dans les sous-réseaux, qui ne se limitent pas aux modifications d'échangeurs le long d'un chemin refroidisseur-réchauffeur ou à la création de nouveaux chemins. Les étapes de l'approche sont résumées à la Figure 2-2.

La logique est celle de l'analyse de pincement. Cependant, au lieu de traiter l'ensemble d'un réseau comme le fait l'analyse de pincement classique, l'approche de Ciblage Structurel permet d'identifier des parties avec un haut potentiel d'amélioration. Le ciblage d'un sous-réseau résultant de la combinaison d'un petit nombre de zones intégrables est plus réaliste, et les projets de rétro-installation concernent seulement une partie du réseau. Deux visions successives sont présentes dans cette approche. La première version, l'Analyse des Chemins, s'était focalisée sur les modifications le long des chemins refroidisseur-réchauffeur et leur création. La seconde version, le Ciblage Structurel, considère l'ensemble des possibilités de rétro-installation avec le principe de ciblage par l'analyse de pincement, mais cette fois pour un sous-réseau.

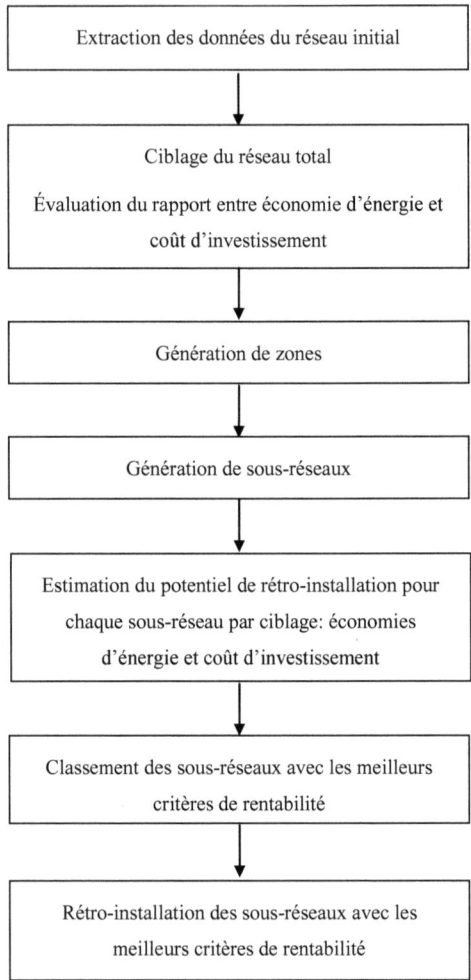

Figure 2-2 Étapes de l'Analyse des Chemins ou Ciblage Structurel

2.1.2 Approche pincement de réseau (network pinch approach)

Cette méthode de rétro-installation de réseau d'échangeurs de chaleur à contact indirect permet d'identifier des solutions intéressantes de réduction de la consommation d'énergie. Elle est interactive, s'appuie à la fois sur des principes d'analyse de pincement et des méthodes d'optimisation numérique. Il n'est pas question d'optimum global ici. Le principe général consiste à utiliser des règles heuristiques afin d'identifier des changements topologiques favorables dans le réseau et de résoudre ensuite un problème d'optimisation sur un espace réduit [30].

Un réseau inclut un « chemin refroidisseur-réchauffeur », tel que défini par la communauté dans le domaine, si un refroidisseur et un réchauffeur sont connectés par des lignes horizontales et verticales dans un diagramme grille. La Figure 2-3 montre un exemple de réseau incluant un chemin refroidisseur-réchauffeur, C-E2-H. Lorsqu'un chemin refroidisseur-réchauffeur existe dans un réseau, il est souvent possible de réduire la consommation d'énergie sans ajout de nouvelles conduites, et parfois même sans ajout d'échangeur; l'ajout de surface à des échangeurs internes peut suffire [31]. Ainsi réduire la consommation d'énergie avec des modifications le long d'un chemin peut correspondre à un coût d'investissement limité.

Lorsque de la surface est ajoutée à des échangeurs internes le long d'un chemin, la différence de température entre la source et la demande dans ceux-ci diminue. La Figure 2-4 représente la situation après ajout de surface à l'échangeur interne E2. La différence de température dans E2 a diminué jusqu'à atteindre la valeur minimale autorisée, égale à 10°C dans notre cas; 20kW ont été économisés. La température d'extrémité froide de la source de l'échangeur interne E2 est égale à 150°C; celle de l'extrémité froide de la demande est égale à 140°C. Ces températures sont nommées « Températures de Pincement Réseau » (Asante et al, 1997). Elles limitent la réduction de la consommation d'énergie sur le chemin refroidisseur-réchauffeur. La réduction de consommation d'énergie par simple ajout de surface dans beaucoup de situations atteint une limite due à la différence minimale autorisée de température

19

dans un échangeur. Pour aller plus loin dans la réduction de consommation, un changement topologique est nécessaire. L'approche du Pincement de Réseau consiste à supprimer un transfert de chaleur traversant les températures de pincement du réseau, utiliser la source rendue ainsi disponible pour chauffer une demande le long du chemin au-dessus du pincement réseau, et satisfaire la demande correspondante par de la chaleur d'une source le long du chemin en-dessous du pincement réseau. Dans notre exemple, l'échangeur E1 traverse le pincement réseau. La source de l'échangeur E1 peut être utilisée pour chauffer une demande au-dessus du pincement le long du chemin; la demande de l'échangeur E1 peut être chauffée par une source de long du chemin en dessous du pincement. La Figure 2-5 présente la situation après une telle modification topologique. Une fois la topologie du réseau fixée, la conception finale, est effectuée en résolvant un problème d'optimisation de type NLP; à cette étape, l'économie d'énergie, les charges thermiques, les températures et la surface des échangeurs du sous-système composé du chemin sont évaluées [32].

La Figure 2-6 présente les étapes de l'approche Pincement de Réseau. L'objectif est d'identifier une solution raisonnable réduisant la consommation d'énergie par modification du réseau initial. Si aucun chemin refroidisseur-réchauffer n'est présent dans le réseau initial, l'utilisation de règles heuristiques permettant d'en créer est proposée [33]. Le pincement réseau est ensuite identifié. Si des échanges de chaleur traversant le pincement réseau peuvent être identifiés, un diagnostic des modifications topologiques possibles est effectué en résolvant un problème d'optimisation de type MILP; la fonction objectif représente la capacité d'économie d'énergie; les variables binaires représentent les modifications topologiques; la surface d'échange n'est pas encore considérée à cette étape. Si par contre aucun échangeur ne traverse le pincement réseau, l'utilisation de règles heuristiques est proposée afin d'identifier des modifications topologiques qui peuvent conduire à une réduction de consommation d'énergie. Lorsque la topologie du réseau est fixée, les variables continues telles que la température, la surface d'échange et l'économie d'énergie sont évaluées par optimisation du type NLP.

Cette approche ne recherche pas d'optimum global mais permet d'identifier des solutions pour la réduction de consommation d'énergie qui sont raisonnables. Elle a l'avantage d'être interactive en permettant à l'utilisateur de choisir parmi plusieurs modifications topologiques, et d'utiliser l'optimisation dans la phase finale pour évaluer les variables continues. Cette méthode est celle la plus souvent utilisée dans les logiciels de rétro-installation de réseaux d'échangeurs de chaleur. Pourtant dans des situations, même simples, l'approche pincement réseau n'identifie pas les modifications pertinentes. De nouvelles règles heuristiques ont été développées afin de réduire le nombre de situations où l'approche n'est pas efficace [34].

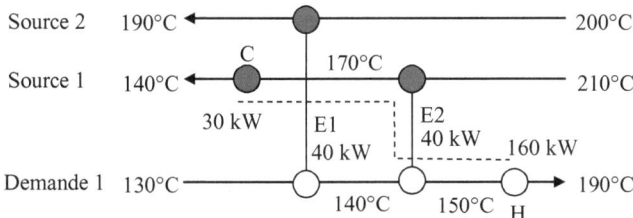

Figure 2-3 Exemple de réseau avec un chemin refroidisseur-réchauffeur

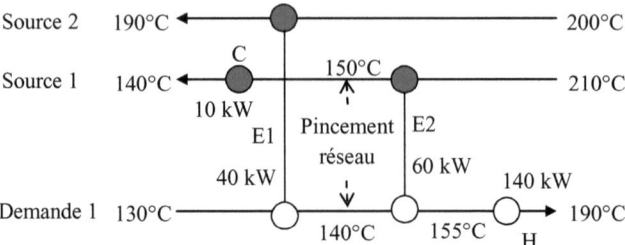

Figure 2-4 Réseau après ajout de surface et sans modification topologique

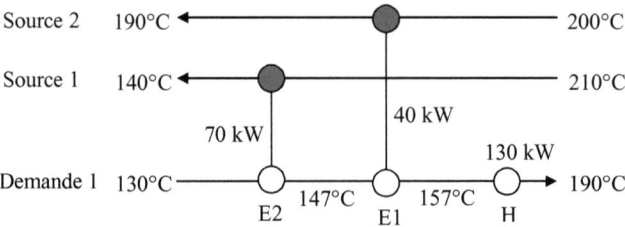

Figure 2-5 Réseau final correspondant à la consommation minimale d'énergie

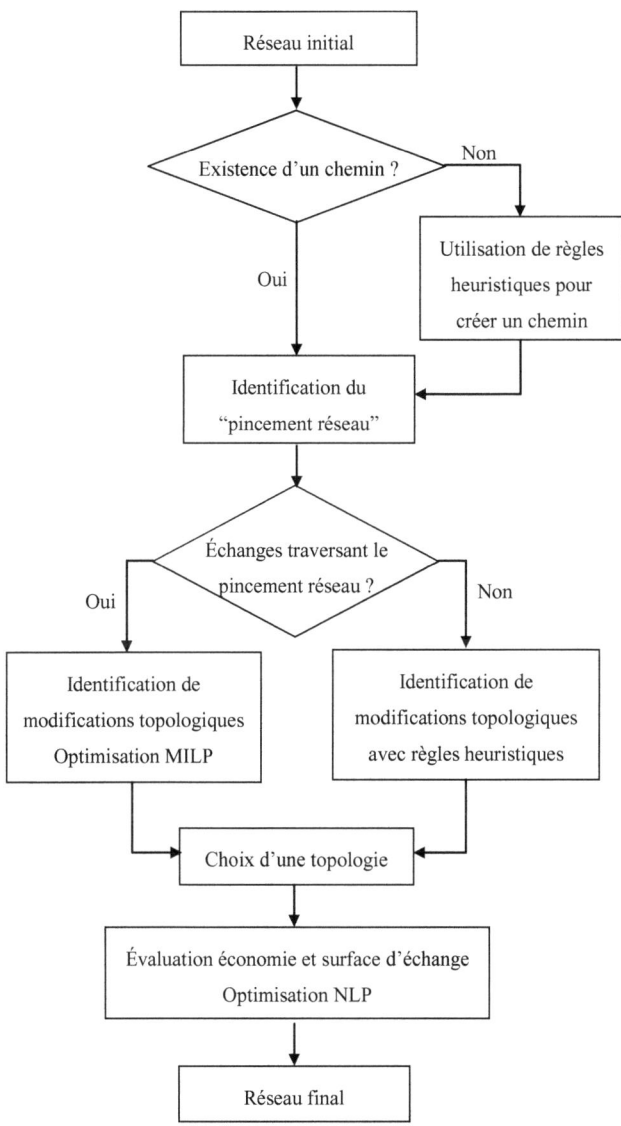

Figure 2-6 Approche du Pincement de Réseau

2.1.3 Approches d'optimisation numérique

La rétro-installation des réseaux d'échangeurs de chaleur est fondamentalement un problème du type MINLP (Mix Integer Non-Linear Programming). Les principales variables continues désignent les débits massiques, températures, surfaces d'échange et transferts de chaleur dans les échangeurs. Les non-linéarités viennent surtout du fait que le transfert de chaleur dépend d'une part du produit du débit massique et de la température (bilinéarité), et d'autre part du produit entre la surface d'échange et la moyenne logarithmique des différences de température entre les courants chauds et froids. Même en intégrant seulement les variables continues dans le problème, la fonction de coût à minimiser (ou de profit à maximiser) présente de nombreux optima locaux. Les variables entières désignent les décisions (binaires) de modifier ou non un échangeur, de le déplacer, ou bien d'en acheter. Les décisions de rétro-installation varient selon le réseau déjà installé, l'environnement économique et les contraintes de procédé. Beaucoup d'efforts ont été tentés afin de résoudre le problème de rétro-installation des réseaux avec l'aide d'une superstructure représentant l'ensemble des possibilités de modification, qui correspond à une formulation MINLP. De nombreuses difficultés de convergence vers l'optimum global ont été rencontrées. Dès lors, le problème a souvent été abordé de façon séquentielle, en décomposant l'approche en plusieurs étapes et en évaluant différentes solutions par itération.

Ciric et Floudas [35] proposent de choisir une différence de température d'approche entre les courbes composites chaudes et froides (HRATD), déterminer la température de pincement et le minimum de demande énergétique correspondants, séparer le réseau existant au-dessus et en dessous du pincement, et ensuite de déterminer les modifications dans le réseau qui minimisent le coût d'investissement et respecte la contrainte de consommation d'énergie ciblée avec une formulation MILP qui utilise le modèle de transbordement pour les transferts de chaleur (Figure 2-7). Le modèle inclut aussi les différents types de ré-assignement d'échangeurs : changement des courants chaud et froid, changement d'un seul des deux courants, pas de changement

24

d'identité des courants mais modification de l'ordre de succession. L'étape suivante consiste à évaluer les variables continues avec un modèle NLP, où la contrainte de différence minimale de température est relâchée, la température devenant une variable. La prédétermination de la consommation d'utilité force un coût artificiel d'investissement lié aux échangeurs de chaleur et empêche d'évaluer le profit maximal; de plus les solutions peuvent être coincées dans des optima locaux [36]. Yee and Grossmann proposent un ciblage de consommation d'utilités à partir d'une différence de température d'approche, de séparer le réseau en deux parties au niveau du pincement et ensuite d'identifier les réarrangements par une approche en deux étapes [37]. La première consiste à une présélection de projets potentiels de rétro-installation économiquement intéressants à partir d'une formulation MILP. Les projets présélectionnés étaient ensuite déterminés en détail en utilisant une superstructure correspondant à une formulation MINLP. Cette approche est limitée aux réseaux de taille modeste, et présente l'inconvénient de solutions coincées dans des optima locaux [38-39].

Furman et Sahinidis [40] ont montré que le problème de conception de réseaux d'échangeurs de chaleur est « NP hard » (Non Polynomial time deterministic hard problem), que ce soit pour des situations de synthèse de nouveaux réseaux ou de rétro-installation de réseaux existants, avec des approches séquentielles ou simultanées. Ils suggèrent que l'utilité des méthodes déterministes est limitée et que les approches stochastiques, telles que «Simulated Annealing» (SA), « Tabu Search » (TS), et les algorithmes génétiques (GA), sont plus efficaces pour ce type de problème.

Les méthodes stochastiques ont d'abord été utilisées par Athier *et al.* [41], qui couplèrent l'approche SA avec une méthode NLP. Les variables structurelles étaient modifiés par SA, les variables continues étaient traitées avec le modèle NLP. Parce que l'approche SA ne peut couvrir l'espace de solutions entièrement, cette procédure devait être répétée à de nombreuses reprises. De plus des problèmes de convergence étaient rencontrés lors de la détermination des variables continues à l'étape NLP. Bochenek et Jezowski [42] et Jezowski *et al.* [43] ont proposé une approche basée sur le concept de pincement de réseau et l'utilisation d'un algorithme génétique. Après le choix de différence de température d'approche, le ciblage du minimum de la consommation d'énergie et la détermination du pincement, le réseau était séparé en deux parties. Dans les deux parties, tant les variables binaires que continues étaient identifiées avec l'approche GA. L'approche GA donnait satisfaction pour l'identification des variables binaires, mais pas pour l'identification de celles continues. Cette approche était très lente, nécessitant près d'une demi-journée pour traiter un réseau de petite taille. Parce que l'approche GA pour l'optimisation structurelle semblait satisfaisante, du fait de sa nature discrète et de sa capacité à parcourir un large espace de solutions sans être coincée dans des optima locaux, Rezaei et Shafiei [44] ont tenté de résoudre le problème de retro-installation de réseaux d'échangeurs de chaleur en combinant les approches GA, NLP et ILP (Integer Linear Programming). Les modifications structurelles dans le réseau étaient identifiées par GA. Le réseau était décomposé en gènes, dont le nombre était légèrement supérieur au nombre d'échangeurs du réseau initial. Une population de 20 à 40 réseaux différents pour un réseau initial de petite taille était identifiée au départ par des modifications aléatoires ou suggérées. Les chromosomes qui donnaient de bons résultats étaient favorisés, se retrouvant dans les générations postérieures (élitisme). Des gènes étaient échangés entre chromosomes (cross-over). Des gènes étaient modifiés (mutation) en changeant l'adresse des échangeurs. Les variables continues qui minimisent la consommation d'énergie étaient évaluées avec une formulation NLP. Un problème ILP était ensuite résolu pour déterminer le coût minimal d'investissement des modifications par la réutilisation des échangeurs ou l'achat de nouveaux. La stratégie est présentée à la Figure 2-8.

La plupart des méthodes abordent le problème de rétro-installation en utilisant une procédure de décomposition. Barbaro *et al* [45] proposent une approche sans décomposition basée sur une formulation MILP à partir du modèle de transport pour évaluer les transferts de chaleur. Dans le modèle de transport, la température n'est pas une variable mais un paramètre du débit de chaleur transféré entre un intervalle de température du courant chaud et un intervalle de température du courant froid [46]. Leur modèle requiert un temps de calcul de plusieurs heures pour atteindre les conditions proches de l'optimalité dans le cas d'un réseau de taille moyenne. Dans leur conclusion, les auteurs proposent d'utiliser leur approche après identification de projets prometteurs à l'aide d'autres méthodes, qui montreraient les endroits où chercher la solution. Ils suggèrent ainsi l'utilisation d'heuristiques, telles que celles utilisées dans l'approche pincement de réseau, ou de diagrammes pour une première phase de diagnostic.

Les principaux inconvénients des méthodes numériques sont les suivants : elles courent le risque de proposer une solution piégée dans un optimum local; elles requièrent l'intervention de spécialistes en optimisation; elles sont complexes, impliquent des simplifications/limitations dans le modèle; elles présentent des problèmes de convergence et le temps de calcul est long même pour des réseaux de petite taille.

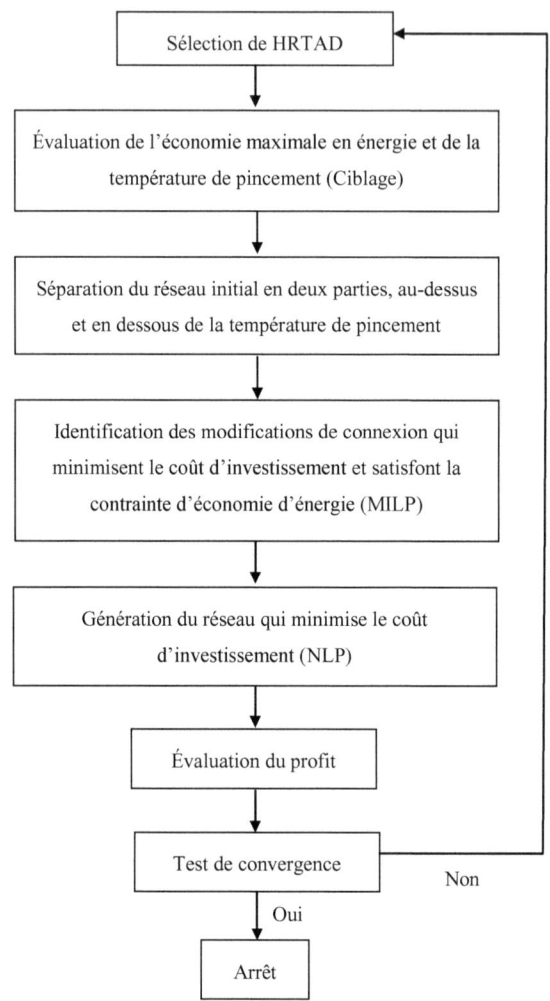

Figure 2-7 Stratégie proposée par Ciric et Floudas

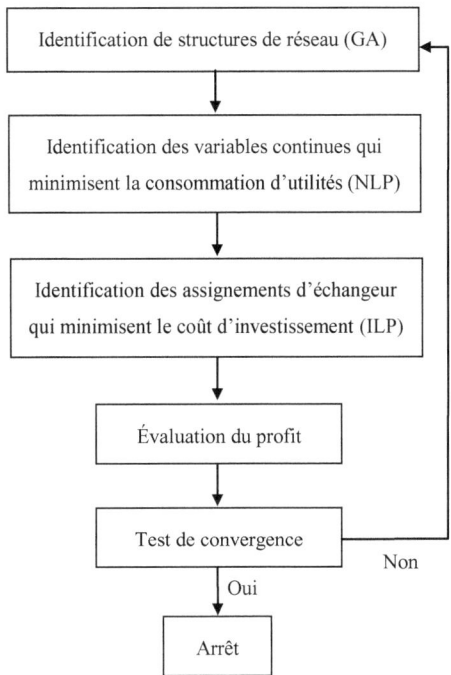

Figure 2-8 Stratégie proposée par Rezaei et Shaffiei

2.1.4 Analyse critique

Des difficultés d'utilisation de la méthode du pincement dans l'industrie papetière sont rencontrées. La situation de rétro-installation rend l'application de la méthode plus difficile car celle-ci considère dans la définition du problème seulement les sources et demandes en chaleur du procédé, et non comment celles-ci sont gérées dans le réseau existant (à l'exception des courbes composites avancées qui incluent des données sur les réchauffeurs et refroidisseurs actuels et seront décrites dans la section 2.3) ni les contraintes spécifiques à chaque connexion. Les informations fournies par la méthode de pincement se limitent à une valeur cible d'économie d'énergie et une température de pincement au travers de laquelle les échanges devraient être supprimés. Les économies de consommation de chaleur évaluée par ciblage peuvent rarement être atteintes dans la réalité. La façon de réorganiser l'ensemble du réseau après la suppression d'échanges traversant le pincement n'est aucunement précisée.

L'Approche Pincement de Réseau permet d'identifier une solution raisonnable conduisant à une réduction de la consommation d'énergie dans certaines situations. Il ne s'agit pas d'identifier un optimum global mais bien d'utiliser d'un ensemble de règles heuristiques afin d'identifier des modifications topologiques, et ensuite d'utiliser l'optimisation quand la topologie est fixée afin d'évaluer la charge thermique et la surface des échangeurs et l'économie d'énergie. L'approche rencontre des difficultés même dans des situations simples; de nouvelles règles heuristiques ont été développées afin de réduire le nombre de situations où l'Approche Pincement de Réseau ne peut trouver de solutions satisfaisantes [34].

Les approches numériques d'optimisation sont complexes, même pour les petits réseaux, et ne garantissent pas l'optimalité. Elles sont d'ailleurs peu utilisées. Ceci suscite la question suivante : les formulations devraient-elles être améliorées en y incluant plus de connaissances au niveau de la thermodynamique ?

2.2 Méthodologies d'analyse des interactions entre les réseaux d'eau et de chaleur

Cette section débute par une description de l'importance des interactions entre les réseaux d'eau et de chaleur dans les usines papetières. Ces interactions ont suscité le développement d'outils méthodologiques pour la conception des circuits d'eau et des réseaux d'échangeurs de chaleur correspondants. Les approches de conception ci-dessous sont présentées dans ce chapitre :

- « L'analyse de pincement modifiée » conçue pour l'identification des programmes de réduction de la consommation d'eau et d'énergie dans les usines papetières

- « La méthodologie unifiée » qui combine différentes techniques d'intégration telles que le pincement thermique, le pincement massique et l'analyse exergétique, afin d'améliorer l'efficacité énergétique des usines papetières

- « L'approche d'optimisation combinée eau et énergie, C.E.W.O. », qui identifie les opportunités de réduction de la consommation d'énergie en considérant les inefficacités liées au réseau d'eau

- Une méthodologie de conception de nouveaux circuits d'eau et réseaux correspondants d'échangeurs de chaleur

- La technique de modification des courbes composites pour la conception de réseaux simplifiés d'échangeurs de chaleur par l'identification de mélanges d'eau

2.2.1 Interactions des réseaux d'eau et énergie dans l'industrie papetière

L'efficacité énergétique des procédés papetiers est étroitement liée aux réseaux d'eau et de chaleur [47-50]. Les mélanges non-isothermes, dans lesquels l'eau est souvent impliquée, sont des sources de dégradation de la qualité de l'énergie. L'eau est utilisée pour la dilution, le lavage, le refroidissement et la production de vapeur, et est le principal transporteur et dissipateur d'énergie. La chaleur de la vapeur des utilités chaudes est utilisée pour satisfaire les besoins thermiques de l'usine et est ensuite évacuée principalement par les effluents liquides. Réduire la consommation d'eau a pour effet de diminuer la dégradation de la chaleur, la consommation de vapeur et l'aire requise dans les échangeurs à contact indirect [51-55].

La gestion appropriée des réservoirs d'eau et de filtrats conduit à des économies d'énergie. Un bon contrôle des inventaires d'eau doit considérer les aspects dynamiques du procédé tels que le système de réacteurs en discontinu (batch) ou la casse de la feuille de papier au niveau de la machine [46].

En hiver la consommation de vapeur augmente, principalement du fait de la diminution de la température de l'eau et de l'air. Bien que la température de l'environnement soit inférieure à celle du pincement, la chaleur en excès (c'est-à-dire située sous le pincement) n'est pas récupérée car cela impliquerait l'ajout d'échangeurs à contact indirect. Dans les usines où la consommation d'eau est élevée, la consommation de vapeur peut augmenter de 10% en hiver [56].

La majorité des échanges de chaleur traversant le pincement dans un procédé de pâte kraft sont liés au système de production d'eau chaude [57]. Dans une usine typique scandinave, environ 1GJ/ADt de chaleur peut directement être économisé par le réaménagement de ce système. Des études ont montré également que de la chaleur en excès au-dessus de 80°C et en-dessous du point de pincement peut devenir disponible après modification du réseau d'eau dans une usine typique. La quantité et température de cette chaleur en excès augmente lorsque la consommation d'eau diminue [58, 59]. L'excès de chaleur au-dessus de 80°C varie de 1 à 2 GJ/ADt quand la consommation d'eau de procédé est réduite de 25 à 18m^3/ADt. Cette chaleur peut théoriquement être utilisée pour l'évaporation de la liqueur noire avec le système PIVap, le chauffage du district, ou bien alimenter une pompe à chaleur [60, 61] ou un bioprocédé. Dans la pratique, cette chaleur en excès est déjà utilisée pour la production d'eau chaude et tiède dans une usine. Les courbes de réservoir ont été développées afin de rendre disponible la chaleur en excès [62]. Elle implique la construction de la courbe composite chaude résultant des courants chauds disponibles pour le réseau d'eau et de la courbe composite froide résultant des demandes en eau. La courbe composite froide est ensuite déplacée vers la gauche sur le diagramme de pincement jusqu'à atteindre une différence de température entre les deux courbes permise par l'industrie. La quantité de chaleur en excès théoriquement disponible à haute température est alors déterminée. La courbe des réservoirs est finalement construite entre les deux courbes selon la technique de modification des courbes composites (décrite ci-après) afin de minimiser le nombre de réservoirs et d'échangeurs de chaleur.

2.2.2 Analyse de pincement modifiée

Cette méthodologie a été développée initialement pour des usines de papier journal afin d'identifier des programmes de réduction de la consommation d'eau et d'énergie [63, 64]. L'analyse comprend trois phases : identification de projets en pâtes et papiers par une étude de procédé; identification d'échanges de chaleur directs par mélange ou recirculation en utilisant une analyse de pincement modifiée; identification d'échanges de chaleur indirects par une analyse de pincement classique. L'étude de procédé permet d'identifier des projets qui ne sont pas détectés par l'analyse de pincement, tels que des changements d'équipements ou la récupération de la chaleur dissipée par des pompes à vide. L'analyse de pincement modifiée de la seconde phase identifie les opportunités de mélange ou recirculation en examinant les courbes composites chaudes et froides et en comparant les températures aux extrémités des courants chauds avec celles des courants froids. Les extrémités correspondent aux points de pli (kink points) des courbes composites; deux points de pli situés à une température identique peuvent indiquer une opportunité de recirculation ou mélange (Figure 2-9). Si les températures d'extrémité chaude d'un courant chaud et courant froid sont proches, une opportunité de recirculation est possible. Il en est de même si les températures d'extrémité froide d'un courant chaud et courant froid sont proches. Lorsque les températures finales (target) d'un courant chaud et courant froid sont ou proches, une opportunité de mélange est possible. L'analyse modifiée inclut les étapes ci-dessous :

- Extraction des courants à partir de la simulation du procédé en considérant les projets identifiés par l'étude de procédé de la première phase.

- Génération des courbes composites d'échange direct à partir des températures aux extrémités des courants, application de règles de conception reliées au procédé et à des facteurs techno-économiques afin de sélectionner les échanges par mélange de courants et les opportunités de recirculation.

- Évaluation des projets, incluant la simulation du procédé modifié.

La troisième phase consiste à une analyse de pincement classique : extraction de données à partir de la simulation incluant les projets identifiés aux phases précédentes; génération des courbes composites chaudes et froides et positionnement de celles-ci selon une différence de température correspondant à des échanges indirects; application des règles de conception reliées au procédé et à des facteurs techno-économiques afin de sélectionner de nouveaux échanges de chaleur indirects; évaluation des projets d'échanges de chaleur indirects, incluant la simulation du procédé modifié.

Les projets identifiés lors de l'analyse en trois phases sont ensuite organisés en programme cohérent de réduction simultanée de la consommation d'eau et d'énergie dans le but d'évaluer les aspects énergétiques des routes technologiques menant à l'effluent-zéro.

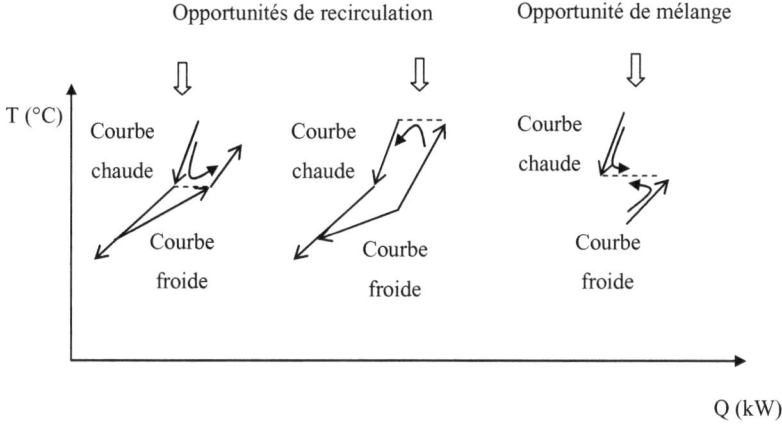

Figure 2-9 Identification de projets eau par l'analyse de pincement modifiée

2.2.3 Optimisation combinée eau et énergie (C.E.W.O.)

L'objectif de cette approche est d'identifier les opportunités de réduction de la consommation d'énergie en considérant les inefficacités liées au réseau d'eau. L'ajout d'eau à un réservoir, la pâte ou une solution chimique a souvent un effet de variation de température qui a son tour affecte la consommation d'énergie ailleurs dans le procédé. Dans l'analyse de pincement classique, seulement les courants de procédé associés aux échangeurs de chaleur existants et quelques courants de sortie avec un haut potentiel de récupération de chaleur, par exemple des effluents, sont considérés, tandis que l'énergie échangée lors des transferts directs par des mélanges n'est pas prise en compte. L'approche d'optimisation eau et énergie (Combined Energy and Water Optimisation) développée par Ressources Naturelles Canada [65] évalue explicitement les inefficacités par mélanges de courants et permet d'identifier des projets de modification du réseau d'eau et d'échangeurs de chaleur (Figure 2-10)

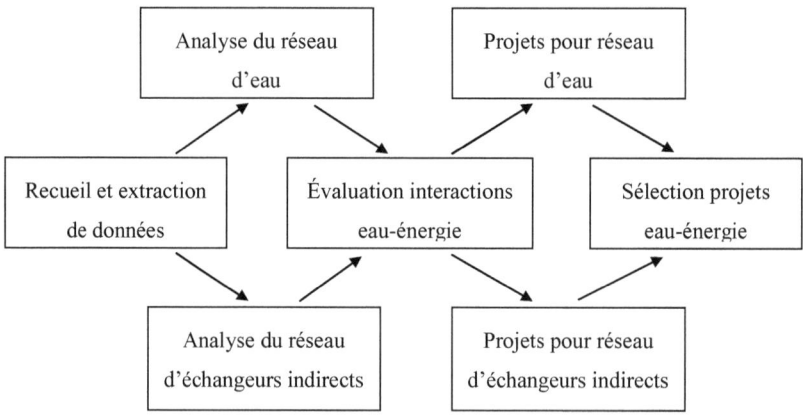

Figure 2-10 Étapes principales de la méthodologie C.E.W.O.

Trois courbes composites froides relatives à l'eau sont proposées (Figure 2-11). La courbe composite froide du réseau correspond à l'ensemble des courants d'eau froids, c'est-à-dire eau de procédé, ajout aux réservoirs, eau pour le scellement des pompes et eau de refroidissement. La courbe composite froide des réservoirs inclut tous les courants entrant dans les réservoirs d'eau. La courbe froide de procédé inclut l'eau requise pour le lavage de la pâte, les douches pour le blanchiment, la presse de la machine à papier, les dilutions, les mélanges non isothermes, etc. L'interprétation de ces courbes composites permet d'évaluer les impacts énergétiques des projets de modification du circuit d'eau. Le rapport eau de refroidissement sur eau de procédé est évalué afin d'identifier la priorité à accorder aux types de projets de réduction de consommation d'eau. Si le débit d'eau de refroidissement est supérieur celui d'eau de procédé, la réduction du débit d'eau de refroidissement devrait être effectuée en premier; dans le cas opposé, le débit d'eau de procédé devrait être réduit en priorité.

Dans l'approche du C.E.W.O. l'extraction de données est modifiée afin de tenir compte des données du réseau existant. [66] Elle permet de mieux définir les besoins et sources du procédé, la façon dont ceux-ci sont gérés dans le procédé, ce qui peut mener à des économies d'énergie plus importantes. Un exemple de projet identifié par cette méthode et non détecté par l'analyse de pincement classique est présenté à la Figure 2-12. L'extraction de données selon la méthode de pincement identifie seulement un courant froid devant être chauffé de 89 à 130°C, et en conséquence les opportunités de réduction de la consommation d'énergie sont limitées aux sources de chaleur supérieure à 130°C. Par contraste l'analyse du réseau de transferts directs de chaleur selon l'approche C.E.W.O. identifie un nouveau courant froid à 40°C qui peut être chauffé par des sources de chaleur résiduelles à température inférieures, ce qui permet de réduire la consommation de vapeur au réchauffeur [67].

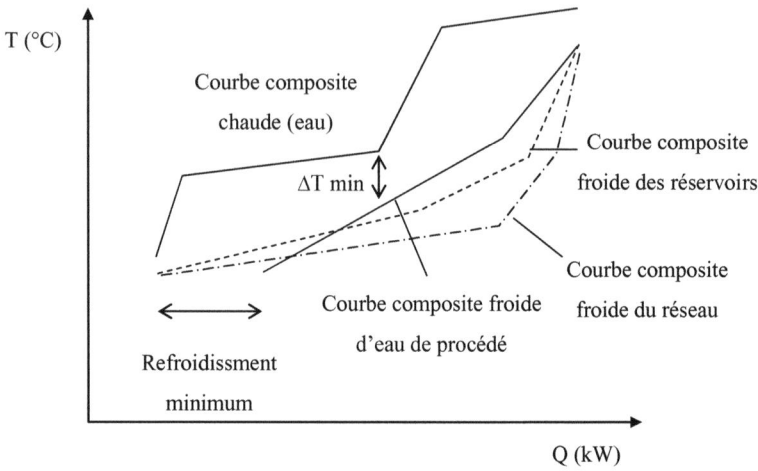

Figure 2-11 Courbes composites relatives à l'eau dans l'approche C.E.W.O.

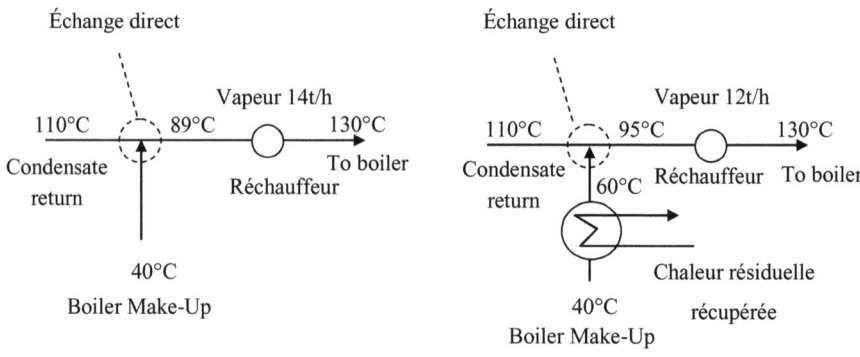

Figure 2-12 Projet identifié par l'approche C.E.W.O.

2.2.4 Méthodologie unifiée d'analyse énergétique

Cette approche combine différentes techniques d'amélioration de l'efficacité énergétique utilisées dans l'industrie papetière en situation de retro-installation: diagnostic du système d'utilités, technologie du pincement thermique et massique, et analyse exergétique [68, 69]. La méthodologie inclut cinq étapes afin d'identifier un programme qui considère les interactions entre les projets ainsi que leurs contraintes techniques et économiques.

La première étape est la définition du cas de base. La procédure proposée inclut la collection des données, l'élaboration du diagramme de base, l'analyse du système d'utilités et la simulation du procédé. Le diagramme de base est construit à partir des données sur le procédé papetier, le circuit d'eau et le circuit de vapeur. L'analyse des utilités considère la production et consommation de chaleur et d'électricité, l'efficacité de la bouilloire, la consommation de combustible, les pressions de vapeur, le chauffage direct et indirect du procédé, le taux de récupération des condensats et le préchauffage de l'eau pour la bouilloire. L'analyse du réseau d'eau inclut le circuit de refroidissement, l'eau utilisée pour le lavage, l'eau filtrée et déminéralisée pour la production de vapeur et les variations saisonnières.

La seconde étape consiste à comparer le cas de base avec d'autres usines afin d'identifier des inefficacités et identifier les directions générales d'amélioration d'efficacité. Il sera dès lors possible d'estimer les économies potentielles, mais les mesures correspondantes ne seront pas encore identifiées. La comparaison nécessite la compilation de données, l'utilisation d'indicateurs de performance et le ciblage en utilisant l'analyse de pincement thermique et massique. Les pertes d'énergie et d'exergie dans les effluents liquides et gazeux notamment sont utilisées comme outils de diagnostic [70, 71]. Les bilans d'exergie et le diagramme de Sankey sont établis pour les principales opérations de procédé. L'évaluation de la consommation minimale d'eau et de vapeur est effectuée à partir des courbes composites. Une différence de température de 10°C entre les courbes est souvent choisie pour le ciblage énergétique des usines papetières.

La troisième étape inclut l'analyse des interactions en incorporant six techniques d'amélioration énergétique d'une manière structurée afin d'utiliser des effets de synergie. Ces techniques sont les suivantes : augmenter la récupération de chaleur interne avec des échanges à contact indirect; augmenter la réutilisation d'eau; supprimer des mélanges non-isothermes; augmenter la qualité de l'énergie avec une pompe à chaleur; augmenter la récupération des condensats, et adapter la conversion de l'énergie au niveau de la turbine. Les échanges de chaleur traversant le pincement sont identifiés et supprimés lors de la phase de récupération de chaleur interne. L'analyse de pincement massique est utilisée pour identifier des projets de fermeture de circuit d'eau [72]. Les mélanges non-isothermes impliquent souvent des courants d'eau; leurs effets sont évalués avec les pertes exergétiques et l'analyse de procédé. Comme l'augmentation de la qualité de l'énergie avec une pompe à chaleur requiert un investissement élevé, elle est évaluée seulement après les trois premières phases. La meilleure option pour l'utilisation d'une pompe à chaleur requiert une source ou une demande de chaleur près du point de pincement. Une source possible de chaleur souvent identifiée pour une pompe à absorption est un effluent liquide du blanchiment de la pâte, qui pourrait être utilisée après passage au travers de la pompe pour l'évaporation de la liqueur noire, au dé-aérateur, pour la production d'eau chaude ou pour chauffer l'eau blanche. Ces quatre techniques ensemble déterminent le potentiel d'économie de chaleur et d'eau. Une fois appliquées, la récupération des condensats est examinée et éventuellement améliorée afin de réduire la consommation de vapeur pour le préchauffage de l'eau alimentant la bouilloire. Finalement le système d'utilités est analysé. Une partie de la capacité de production de vapeur peut être disponible pour la production d'électricité par une turbine.

Les deux dernières étapes consistent à appliquer la stratégie d'amélioration d'efficacité énergétique et à comparer les nouvelles performances avec d'autres usines. Des exemples communs de projets sont le remplacement d'injecteur de vapeur par un échangeur de chaleur pour le chauffage de l'eau blanche, l'augmentation de la récupération ce condensats, la réutilisation d'effluents de la section d'évaporation de la liqueur noire pour le lavage de la pâte ou la section de recaustification, la réutilisation d'eau blanche pour le lavage de la pâte au niveau du blanchiment, la réutilisation des filtrats au niveau du blanchiment, la réutilisation de l'eau de scellement des pompes à vide et le préchauffage de l'eau fraîche avant le déaérateur.

L'analyse des interactions entre les circuits d'eau et d'énergie est le cœur de la méthodologie. Il a été démontré que l'intensification de la réduction de la consommation d'eau a pour résultat un potentiel d'économie de vapeur fraîche plus élevé et une surface d'échange plus petite que dans le cas où seulement la récupération de chaleur interne par des échanges à contact indirect est considérée [51]. Les opérations inefficaces sont identifiées en évaluant l'exergie détruite. L'utilisation d'indicateurs de performance relatifs à l'énergie, l'exergie et l'eau permet d'identifier les endroits où des changements devraient être effectués [73].

2.2.5 Méthodologie de conception des circuits d'eau et des réseaux correspondants d'échangeurs de chaleur

Les réseaux d'eau et d'énergie étant étroitement liés, il est important de considérer les implications énergétiques d'un circuit d'eau dès la phase de conception de celui-ci [74]. Une méthodologie a été développée pour la synthèse de nouveaux circuits d'eau satisfaisant aux contraintes d'opération en débit d'eau, concentration en contaminants dans l'eau et température et pour la synthèse des réseaux d'échangeurs de chaleur correspondants [75]. Il est supposé que la consommation minimale d'énergie implique une consommation minimale en eau dans les conditions suivantes: le débit d'eau liquide sortante est égal au débit d'eau entrante; des échangeurs de chaleur peuvent être utilisés pour réduire la consommation d'énergie ; la température de l'eau sortante est supérieure ou égale à une valeur minimale ΔT_{min} afin de limiter le coût de la surface d'échange dans les échangeurs à contact indirect. L'équation 2 montre que dans ce cas la consommation minimale en énergie thermique Q_{min} coïncide avec la consommation minimale en eau F_{min}.

$$Q_{min} = F_{min} * Cp_{eau} * \Delta T_{min} \qquad \text{Équation 2}$$

Le principe de cette méthodologie consiste à évaluer la consommation minimale en eau dans l'ensemble d'opérations, typiquement avec la méthode de pincement massique [76-80], à concevoir ensuite plusieurs réseaux d'eau à consommation minimale d'eau avec un diagramme-grille bidimensionnel, et ensuite concevoir pour chaque réseau d'eau à consommation minimale un réseau d'échangeurs de chaleur avec la technique de modification des courbes composites [81]. Comme plusieurs réseaux d'eau peuvent correspondre à une consommation minimale en eau et que pour chaque réseau d'eau plusieurs réseaux d'échangeurs de chaleur conduisant à des coûts d'énergie et d'investissement différents peuvent être conçus, l'utilisation d'un diagramme-grille bidimensionnel et d'une technique de modification des courbes composites est proposée. La procédure générale de conception des réseaux d'eau et des réseaux correspondants d'échangeurs est reprise ci-dessous.

Procédure proposée pour la conception des réseaux d'eau et d'échangeurs :

1. Évaluation de la consommation minimale d'eau, typiquement avec la technique du pincement massique

2. Conception de plusieurs réseaux d'eau correspondant à une consommation d'eau minimale à partir du diagramme-grille bidimensionnel (température-concentration)

3. Pour chaque réseau d'eau conçu à l'étape précédente, extraction de données, construction des courbes composites, et ciblage du minimum de la consommation d'énergie. Identification des réseaux d'eau prometteurs.

4. Conception du réseau d'échangeurs de chaleurs correspondant aux réseaux d'eau prometteurs en essayant de réduire le nombre d'échangeurs de chaleur par des mélanges d'eau à l'aide de la technique de modification des courbes composites.

5. Sélection d'un réseau d'eau et d'un réseau d'échangeurs de chaleur correspondant.

Les principes de la Méthode de Pincement Massique pour cibler la consommation d'eau, du diagramme-grille bidimensionnel pour concevoir des réseaux d'eau, et de la technique de modification des courbes composites pour concevoir des réseaux d'échangeurs sont présentés ci-après.

Principe de la Méthode du Pincement massique pour le ciblage de la consommation d'eau

Cette technique est utilisée pour évaluer la consommation minimale en eau dans un ensemble d'opérations qui requièrent de l'eau pour retirer des contaminants ; elle permet aussi d'identifier un point critique, appelé point de pincement, dans la conception du réseau d'eau [82]. Dans le pincement massique (Figure 2-13), l'extraction de données inclut le débit de contaminants à retirer (M en g/s) et la concentration maximale en contaminants dans l'eau à l'entrée et sortie de chaque opération (C en ppm). À partir de ces données, « la courbe composite limite » est construite ; celle-ci permet d'évaluer le débit théorique minimum d'eau propre et d'identifier le point de pincement massique. Lors de la conception du réseau d'eau, toute utilisation d'eau de lavage à une concentration inférieure à celle du pincement pour retirer des contaminants dans une opération qui accepte de l'eau à une concentration en contaminants supérieure à celle du pincement devrait être évitée dans la mesure du possible car elle conduit à une consommation en eau propre supérieure au minimum théorique [83 et 84].

Principe du diagramme-grille bidimensionnel pour la conception de réseaux d'eau

Le diagramme-grille bidimensionnel [75] a été développé afin de considérer les implications énergétiques d'un réseau d'eau dans la phase de conception de celui-ci. La dimension verticale représente la température de l'eau ; celle horizontale, la concentration en contaminants à l'entrée et sortie de chaque opération. Les opérations sont d'abord représentées sur le diagramme-grille bidimensionnel selon leurs contraintes de concentration et température. Les opérations sont ensuite connectées avec des flèches qui représentent l'entrée et la sortie d'eau. Une flèche orientée vers le haut représente une demande de chaleur ; une flèche vers le bas représente une source de chaleur. L'eau fraîche correspond à des flèches entrant par la partie inférieure gauche du diagramme. Les flèches ressortent dans la partie inférieure droite, représentant l'eau envoyée vers la sortie avec une concentration élevée en contaminants et qui doit être refroidie. Le diagramme-grille bidimensionnel permet de visualiser les mélanges d'eau qui réduisent soit la consommation d'eau soit le nombre d'échangeurs de chaleur afin de faciliter la conception de réseaux d'eau avantageux.

Technique de modification des courbes composites pour la synthèse de réseaux d'échangeurs de chaleur correspondant à un réseau d'eau

Le nombre d'unités d'échangeur de chaleur peut être réduit soit en diminuant le nombre de courants soit en augmentant le nombre de systèmes séparés. Dans la technique proposée [85], les courbes composites initiales, qui résultent de l'extraction de données correspondant à un réseau d'eau spécifique, sont modifiées en utilisant les mélanges afin de réduire le nombre de courants ou bien augmenter le nombre de « systèmes séparés ». La relation d'Euler permet d'évaluer le nombre minimum théorique d'unités d'échangeur de chaleur N_{Umin} en fonction du nombre de courants chauds N_c et courants froids N_h, et du nombre de systèmes séparés N_s (équation 3).

$$N_{Umin} = N_c + N_h - N_s \qquad\qquad \text{Équation 3}$$

Un système séparé est composé d'un ensemble de courants chauds et d'un ensemble de courants froids, ensembles dont la somme de l'énergie est identique ; ainsi ces ensembles peuvent théoriquement composer un système isolé. Le nombre d'unités d'échangeur de chaleur peut être réduit à la suite de mélanges qui diminuent le nombre de courants ou augmentent le nombre de systèmes séparés [57]. Les mélanges non isothermes de courants chauds ou froids impliquent des modifications de la courbe composite correspondante (Figures 2-14). La partie sous la courbe composite chaude (figure a) ou froide (figure c) représente l'ensemble des mélanges possibles. Si des courants chauds correspondant à des courants d'eau sont mélangés, le nombre de courants chauds est réduit. De même, si des courants froids correspondant à des courants d'eau sont mélangés, le nombre de courants froids est réduit. Tout mélange non-isotherme conduit à une perte d'exergie, qui correspond à la surface entre les courbes composites avant et après mélange si la température est remplacée par le facteur d'efficacité de Carnot en abscisse. La figure b représente la situation dans laquelle les sources d'eau chaude A et B sont mélangées ; la figure d, celle dans laquelle les demandes d'eau chaude A et B sont obtenues par mélange.

Les mélanges de courants qui traversent le pincement sont dans la mesure du possible évités car ils conduisent à une augmentation de la consommation théorique minimale de chaleur. Les Figures 2-15 représentent un exemple de réduction du nombre d'échangeurs par une réduction du nombre de sources et demandes grâce à des mélanges. À l'origine, le système inclut deux sources et deux demandes d'eau chaude, qui requièrent donc trois échangeurs (figures a et b). Par mélange, le nombre de courants peut être réduit à deux (figure a), et dans ce cas le réseau requiert seulement un échangeur (figure c). Les Figures 2-16 représentent un exemple de réduction du nombre d'échangeurs par réduction du nombre de systèmes séparés grâce à des mélanges. À l'origine, deux sources et deux demandes forment un système, qui requiert donc trois échangeurs (figures a et b). Par mélange, le nombre de systèmes séparés peut être augmenté à deux (figure a), et dans ce cas le réseau requiert seulement un échangeur (figure c).

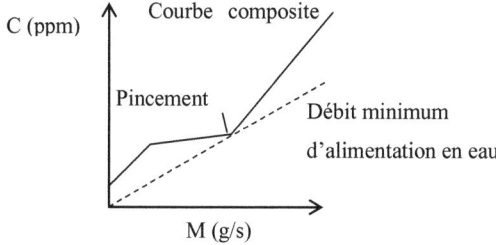

Figure 2-13 Principe de la Méthode du Pincement Massique

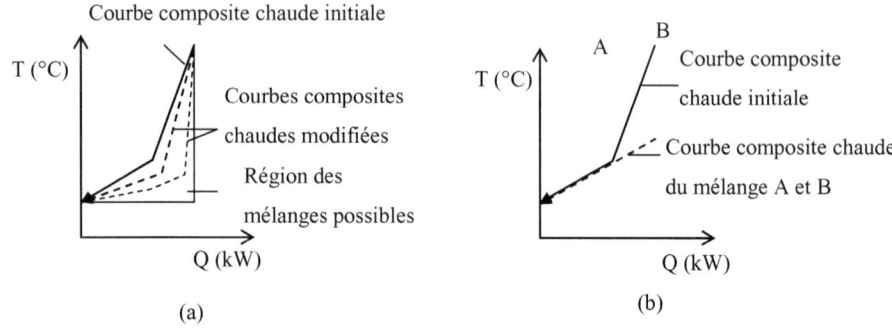

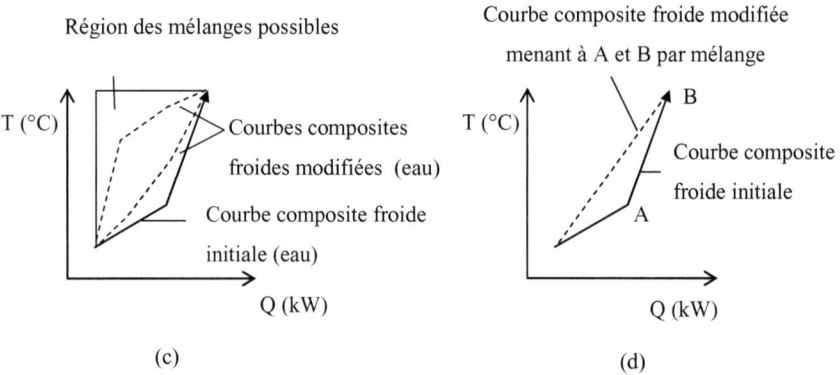

Figures 2-14 Possibilité de modifier les courbes composites par mélange

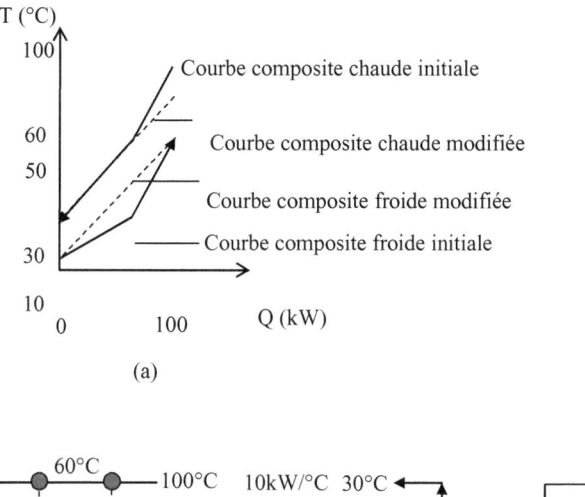

(a)

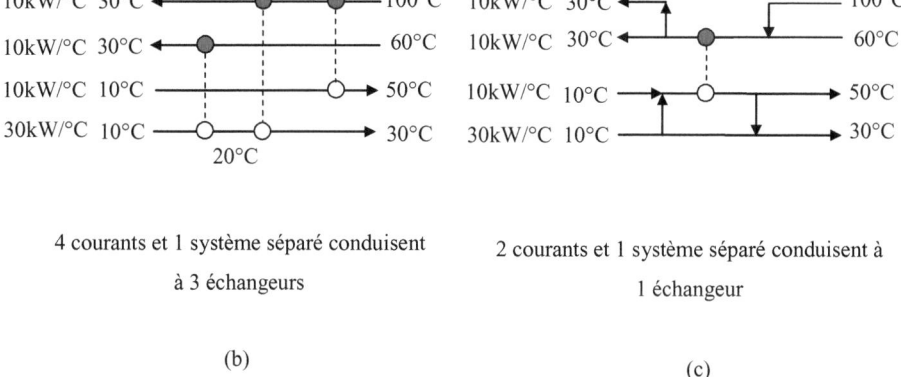

4 courants et 1 système séparé conduisent
à 3 échangeurs

2 courants et 1 système séparé conduisent à
1 échangeur

(b)

(c)

Figures 2-15 Modification des courbes composites afin de réduire le nombre de
courants

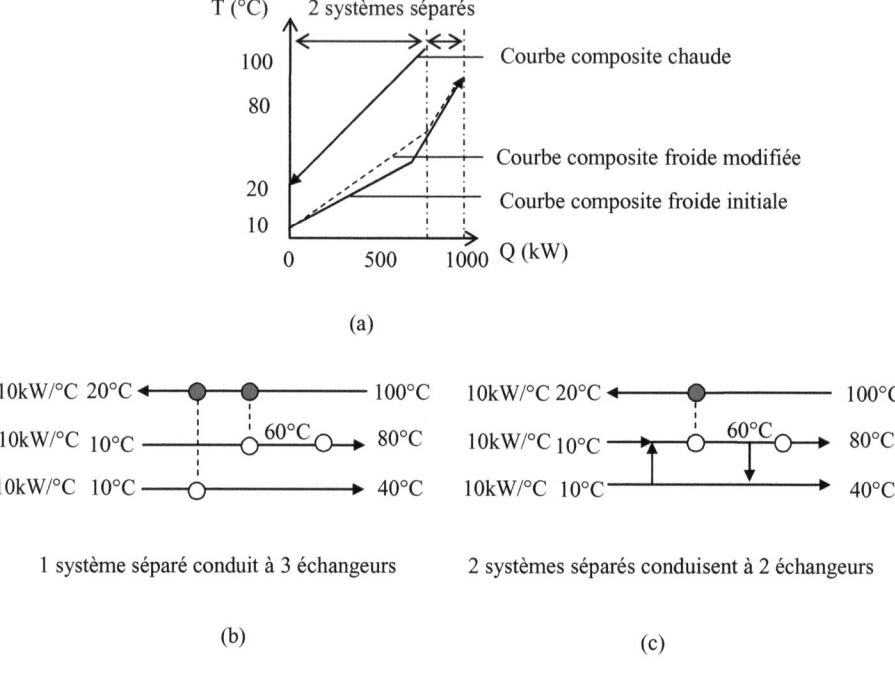

(a)

1 système séparé conduit à 3 échangeurs

(b)

2 systèmes séparés conduisent à 2 échangeurs

(c)

Figures 2-16 Modification des courbes composites pour augmenter le nombre de systèmes

2.2.6 Analyse critique

Les méthodologies de rétro-installation tentent d'adapter des outils d'intégration matière et énergie développés pour la synthèse de nouveaux réseaux.

La logique suivie pour la rétro-installation des réseaux d'eau ou des réseaux d'échangeurs de chaleur consiste à identifier des modifications qui rapprochent la situation actuelle d'un nouveau réseau conceptuel de référence.

Les approches sont séquentielles : un nouveau réseau d'eau est d'abord conçu, et ensuite un nouveau réseau d'échangeurs correspondant. L'analyse énergétique est ainsi effectuée pour un réseau d'eau spécifié. Cependant une modification dans le réseau d'eau correspond à une modification dans le réseau de chaleur. La nécessité d'une approche séquentielle provient de ce que les transferts directs de chaleur entre les courants chauds et les courants froids ne sont pas considérés par l'Analyse de Pincement.

La logique de comparaison des réseaux d'eau et énergie avec une référence, et l'approche séquentielle inélégante ne garantissent pas l'efficacité de l'intégration par rétro-installation.

2.3 Représentations visuelles des concepts utilisés pour l'intégration énergétique par rétro-installation

La visualisation d'un concept par une image ou un diagramme est un outil simple et puissant pour sa compréhension. « Com-prendre » implique imaginer et ensuite voir. L'Analyse de Pincement, approche la plus utilisée pour la rétro-installation des réseaux d'échangeurs de chaleur, est un bon exemple du besoin de visualiser un concept: son succès est dû en grande partie à l'utilisation de Courbes Composites.

2.3.1 Revue générale

Les Courbes Composites Chaudes, Froides et Globales sont fréquemment utilisées en situation de rétro-installation afin d'identifier un nouveau réseau conceptuel à consommation minimale en énergie. Des modifications dans le réseau actuel sont ensuite proposées afin de rapprocher celui-ci du réseau conceptuel. Les graphes de différence de température et des charges thermiques ont été développés afin d'identifier de telles modifications et d'analyser les implications de celles-ci sur l'ajout d'aire d'échange; ils sont présentés plus loin dans ce chapitre. L'Analyse de Pincement a été développée initialement pour la synthèse de nouveaux réseaux; un inconvénient dans cette approche réside en ce que les Courbes Composites n'incluent pas les informations relatives au réseau actuel, informations pourtant primordiales. Les Courbes Composites Avancées [87] ont été développées spécialement pour la rétro-installation et incluent certaines informations sur le réseau installé. L'approche constitue la version d'Analyse de Pincement la plus aboutie pour la rétro-installation des réseaux et est décrite ci-après dans ce chapitre.

Les réseaux d'échangeurs de chaleur sont souvent représentés avec le diagramme-grille. Une alternative au diagramme-grille est proposée par [88 et 89], le Diagramme Thermodymanique pour Rétro-installation (Retrofit Thermodynamic Diagram) dans l'optique de l'Analyse de Pincement. Dans ce diagramme, les courants et échangeurs actuels sont représentés selon leurs intervalles de température correspondants. Les échanges de chaleur traversant le point de pincement et des réarrangements dans le réseau sont identifiés visuellement.

Le diagramme d'exergie de Sankey montre les pertes d'exergie dans les différentes parties d'une usine [70, 71, 90]. L'épaisseur des flèches reflète le débit d'exergie. L'exergie à l'entrée et sortie d'une opération est représentée par des flèches; les pertes progressives de l'exergie se reflètent par la diminution progressive de l'épaisseur des flèches. Ce diagramme montre que les pertes principales d'exergie dans une usine ont souvent lieu dans la chaudière, pertes dues à la combustion, au transfert de chaleur entre les gaz chauds résultant de la combustion et l'eau liquide pour la production de vapeur, et à l'évacuation des fumées. Un bon fonctionnement de la chaudière est important pour l'efficacité énergétique globale. Les pertes spécifiques d'exergie dans les différentes parties d'une usine actuelle peuvent être comparées avec celle d'une usine de référence afin d'identifier les opérations sujettes à l'amélioration.

La rétro-installation d'un réseau génère des économies d'énergie mais implique un coût d'investissement; celui-ci peut être décomposé en une partie variable liée à l'ajout d'aire d'échange et une partie dépendant des modifications topologiques. Plusieurs graphes ont été développés afin de comparer des solutions selon l'économie d'énergie, l'aire d'échange et les modifications topologiques. Dans une première version, l'axe horizontal représente la consommation d'énergie minimale des différentes topologies tandis que l'axe vertical, l'aire d'échange correspondant, une différence minimale de température d'échange étant fixée. Dans une seconde version, un troisième axe est utilisé afin de représenter le nombre d'enveloppes nécessaires [91]. Chaque nouvelle topologie y est représentée par sa consommation minimale ou la réduction de perte d'exergie correspondante, et l'aire d'échange et le nombre d'enveloppes associés. Dans une troisième version, chaque nouvelle topologie n'est plus représentée par un point correspondant à une consommation minimale et l'aire d'échange correspondante mais par une courbe : une topologie donnée conduit à une réduction de consommation d'énergie qui varie selon l'ajout d'aire d'échange. Ce graphe est largement utilisé et sera décrit dans ce chapitre.

Les méthodologies d'intégration énergétique par rétro-installation du réseau d'eau tentent dans leur majorité d'identifier des modifications qui le rapprochent d'un réseau d'eau de référence conceptuel. Celui-ci est classiquement identifié avec des méthodes de synthèse basées sur les concepts d'intégration massique. Les courbes composites représentant la concentration maximale en contaminants sur l'axe vertical et le débit d'eau ou de contaminants à retirer (ex. Figure 2-13) sur l'axe horizontal sont ainsi utilisées. Les outils incluent aussi le diagramme-grille bidimensionnel représentant la concentration maximale en contaminants et la température requise de l'eau à l'entrée et sortie des opérations, ainsi que la courbe de réservoir et la technique de modification des courbes composites. Dans l'approche du C.E.W.O. proposée pour la rétro-installation, une courbe composite chaude spécifique est construite à partir des courants chauds disponibles pour la production d'eau chaude, et une courbe composite froide spécifique est construite à partir des demandes d'eau. Grâce à ces deux courbes, une nouvelle courbe de demande d'eau chaude ou une courbe de réservoir peut être identifiée à partir de la technique de modification des courbes composites. Cette courbe théorique est ensuite comparée avec la courbe représentant la situation réelle dans l'usine à partir des niveaux de température et débits d'eau mesurés. La comparaison permet d'identifier des modifications dans le réseau d'eau actuel le rapprochant d'un réseau de référence.

2.3.2 Courbes Composites Avancées

Les courbes composites chaudes, froides et globales traditionnelles sont basées uniquement sur les données des courants [92]. Elles n'incluent pas les données sur le réseau installé bien que cette information soit de grande importance pour la rétro-installation. La différence majeure entre les courbes traditionnelles et celles avancées réside en ce que des données sur le réseau sont incluses dans les secondes. Les courbes composites avancées fournissent les informations supplémentaires suivantes [87]:

- Estimation du potentiel d'économie d'énergie de projets économiquement réalisables avant le calcul détaillé de conception.

- Niveaux de température auxquels « la chaleur excédentaire utilisable », c'est-à-dire la chaleur en-dessous du point de pincement et au-dessus de 80°C, peut être extraite et utilisée, par exemple pour l'évaporation de la liqueur noire grâce au système « PIVap » développé dans cet objectif [93 et 94], un procédé de bioraffinage forestier [95 et 96], un parc industriel éco-cyclique, le chauffage ou refroidissement de logements à proximité de l'usine, ou valorisation dans une pompe à chaleur.

Au contraire de la courbe composite globale traditionnelle, les courbes composites avancées sont représentées selon la température réelle. Elles fournissent l'information sur la situation avant rétro-installation, le potentiel de réduction aisément accessible qui résulte d'une réduction de différence de température, la situation initiale des réchauffeurs et refroidisseurs, les températures théoriques hautes et basses de ceux-ci, ainsi que la chaleur excédentaire théorique et réelle [97 et 98].

La méthode utilise quatre courbes composites au-dessus du pincement et quatre en dessous [99]. Seulement la construction des courbes au dessus du pincement est décrite ici; les courbes sous le pincement sont construites de la même façon. Les quatre courbes au-dessus du pincement sont la courbe d'utilité chaude (HUC), la courbe de demande de chaleur théorique (THLC), la courbe de demande de chaleur actuelle (AHLC), et la courbe de demande de chaleur extrême (EHLC). Les courbes en dessous du pincement sont la courbe d'utilité froide (CUC), la courbe de demande de refroidissement théorique (TCLC) la courbe de demande de refroidissement actuelle (ACLC), et la courbe de refroidissement extrême (ECLC). La courbe d'utilité chaude HUC est la courbe composite des courants d'utilité dans les réchauffeurs existants située à température réelle. La courbe de demande de chaleur actuelle AHLC est la courbe composite correspondant aux courants de procédé chauffés dans les réchauffeurs existants. La courbe EHLC montre la température maximale à laquelle la chaleur des utilités peut être fournie avec la consommation actuelle si les échangeurs internes dans le réseau étaient agencés selon « l'arrangement vertical », c'est-à-dire de façon à minimiser la surface d'échange. Cette courbe correspond à la partie droite de la courbe composite froide ne chevauchant pas la courbe composite chaude. La courbe de demande de chaleur théorique est évaluée de la façon suivante. Les courbes composites chaudes et froides sont déplacées de sorte que la consommation minimale théorique en utilité égale celle actuelle; ceci conduit aux températures de pincement correspondant à la consommation actuelle et à la différence de température d'approche pour la récupération de chaleur (HRATD). Les parties des courbes au-dessus du pincement sont alors séparées de celles en dessous. Au-dessus du pincement, les sources de chaleur sont déplacées vers le bas selon le choix d'une différence de température minimale d'approche dans les échangeurs (EMATD), ex. 5°K; cette valeur doit être inférieure à celle du HRATD [100-104]. Ensuite la cascade de chaleur est évaluée au-dessus du pincement selon la valeur du EMATD afin d'identifier les températures minimales auxquelles les réchauffeurs peuvent être placés. La courbe THLC montre ainsi les températures minimales théoriques des courants froids dans les réchauffeurs si la différence minimale de température dans les échangeurs internes est réduite à la valeur de l'EMATD. Symétriquement, la courbe TCLC montre les températures maximales théoriques des courants chauds dans les refroidisseurs si la différence minimale de température dans les échangeurs internes est réduite à la valeur de l'EMATD. Par conséquent une partie de la demande de refroidissement dans la courbe TCLC peut être couplée avec une partie de la demande de chaleur dans la courbe THLC. Cette quantité de chaleur correspond au potentiel d'économie d'énergie résultant de la réduction de la différence de température entre les courbes composites chaudes et froides du HRATD à l'EMATD.

En résumé les courbes montrent les charges et niveaux de température des utilités de chauffage (HUC) et refroidissement (CUC), les courants de procédé dans les réchauffeurs actuels (AHLC) et refroidisseurs actuels (ACLC), les niveaux de température minimale et maximale des courants de procédé dans les réchauffeurs (THLC et EHLC respectivement), et les niveaux de température minimale et maximale des courants de procédé dans les refroidisseurs (ECLC et TCLC respectivement).

Utilisation des courbes avancées pour identifier les opportunités de retro-installation [105] :

1. Réduire la charge thermique des réchauffeurs placés bas en température et des refroidisseurs placés haut en température est habituellement plus aisé et moins onéreux que modifier les autres réchauffeurs et refroidisseurs parce que la première situation implique moins de modifications et moins d'aire d'échange. Par conséquent le nombre de modifications et l'ajout d'aire d'échange sont souvent plus petits lorsque la courbe AHLC est proche de la courbe THLC et éloignée de la courbe EHLC. La Figure 2-17a montre ainsi que l'économie de α MW est probablement aisée car les réchauffeurs correspondants sont proches du minimum théorique et sont donc plus facilement accessibles. Symétriquement le nombre de modifications et l'ajout d'aire d'échange sont souvent plus petits lorsque la courbe AHLC est proche de la courbe TCLC et éloignée de la courbe ECLC. La Figure 2-17b montre ainsi que

l'économie de β MW est probablement aisée car les refroidisseurs correspondants sont proches du maximum théorique et sont donc plus facilement accessibles.

2. Les courbes avancées montrent l'excès de chaleur directement utilisable et potentiellement disponible après modification du réseau selon leurs niveaux réels de la température. La chaleur en excès directement utilisable est représentée par la courbe ACLC; la chaleur en excès disponible après modification est représentée par la courbe TCLC (Figure 2-17b).

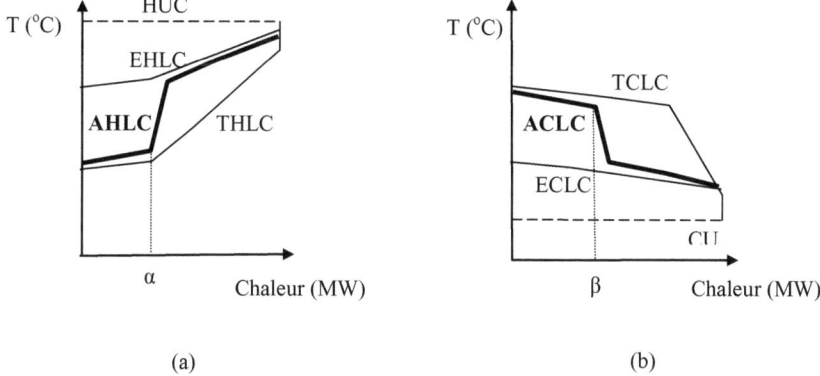

Figures 2-17 Courbes composites avancées au-dessus (a) et en dessous (b) du pincement

2.3.3 Graphe des charges thermiques

Cet outil a été développé pour identifier des modifications dans un réseau d'échangeurs, dans une optique de l'Analyse de Pincement. L'axe vertical représente la température, celui horizontal, le débit de capacité calorifique (kW/°C). Dans un échange de chaleur, le courant chaud cède sa chaleur au courant froid; les charges thermiques (kW) des courants chaud et froid sont représentées dans ce graphe par des aires, correspondant aux températures à l'entrée et la sortie et aux débits de capacité calorifique. Dû au bilan d'énergie, les aires des courants chaud et froid sont identiques dans un transfert de chaleur. Si le débit de capacité calorifique ne varie pas selon la température, la charge thermique a la forme d'un rectangle. Deux organisations sont proposées : les courants sont représentés comme des entités (séparées) et les échangeurs correspondent à des divisions de ces entités; les échangeurs sont représentés comme des entités. Un exemple d'un réseau incluant deux échangeurs est présenté à la Figure 2-18 selon la seconde organisation.

Tout réseau peut être représenté dans le graphe. Un changement topologique correspond à un déplacement de rectangles; il s'agit d'associer des rectangles afin de réduire la consommation d'énergie et limiter les coûts d'investissement. Coupler des rectangles avec des aires similaires et des niveaux de température relativement proches est à priori avantageux : le nombre d'échangeurs de chaleur est ainsi réduit. Cependant le nombre d'enveloppes (shells) nécessaires dans un échangeur augmente rapidement avec la température de chevauchement (overlap) dans celui-ci. Dans la Figure 2-18, l'échangeur A nécessite moins d'enveloppes que l'échangeur B, alors que les charges thermiques sont semblables; ceci est dû au fait que la température de chevauchement ΔT_A dans l'échangeur A, est beaucoup plus petite que celle dans l'échangeur B, ΔT_B. Le graphe permet d'identifier des modifications supprimant des échanges traversant le point de pincement, le nombre d'échangeurs et le nombre d'enveloppes correspondant à une solution.

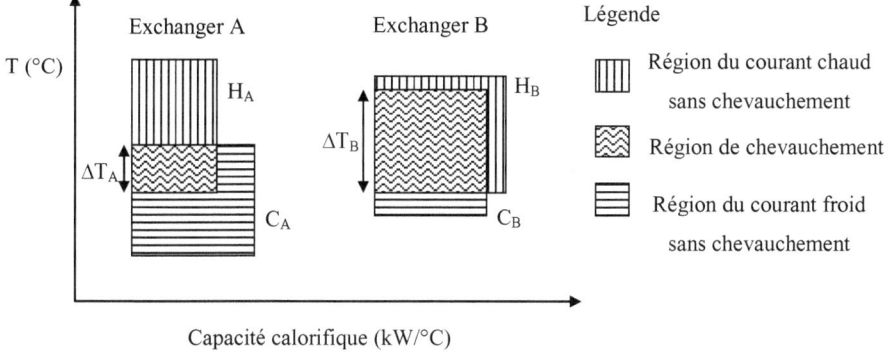

Figure 2-18 Graphe de charge thermique

2.3.4 Graphe de différence de température

L'utilisation sous-optimale de la différence de température disponible dans les échangeurs actuels conduit parfois à une augmentation de la consommation d'énergie par rapport au minimum évalué avec l'Analyse de Pincement. Dans le graphe de différence de température (Driving Force Plot), l'axe vertical représente la différence de température et l'axe horizontal, la température du courant froid [106]. Il permet de comparer les différences de températures ΔT dans les échangeurs actuels avec la différence maximale de température disponible; celle-ci résulte de l'arrangement « vertical » des échangeurs sur les Courbes Composites placées selon une différence minimale de température fixée. Le profil de tous les échangeurs actuels dans un réseau et celui théorique sont présentés dans un même graphe. Dans la plupart des situations, la majorité des échangeurs utilise une différence de température plus grande que celle résultant de l'arrangement vertical.

La Figure 2-19 présente une situation où le courant froid de l'échangeur C devrait être chauffé par un courant chaud à plus basse température. Bien que sa différence de température ne soit pas beaucoup plus grande que celle maximale disponible (courbe en traits discontinus), elle traverse une région où les contraintes sont importantes, et où tout dépassement a des effets importants sur l'ensemble du réseau. Ce graphe est utile pour poser un diagnostic sur les inefficacités thermiques et identifier des lignes de conduites générales pour la rétro-installation dans l'optique de l'Analyse de Pincement.

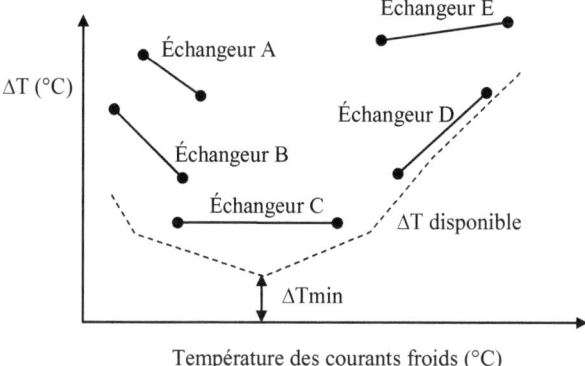

Figure 2-19 Graphe de différence de température

2.3.5 Graphe de l'aire d'échange en fonction de la consommation d'énergie

La réduction de la consommation d'énergie varie selon l'ajout d'aire d'échange et les modifications topologiques dans le réseau. Le graphe de l'aire d'échange en fonction de la consommation d'énergie [107] de la Figure 2-20 montre la situation du réseau initial, celle du nouveau réseau hypothétique à consommation minimale (M.E.R.) obtenu avec l'Analyse de Pincement, et deux types de courbe : une courbe en trait discontinu correspond à un ensemble de solutions avec aire d'échange minimale pour un même nombre de modifications topologiques, $n^{\Delta top}$; une courbe en trait continu correspond à un ensemble de solutions dont la topologie est identique.

Pour une topologie identique, l'ajout d'aire d'échange (pente) augmente avec la réduction de la consommation d'énergie. Les numéros sur les courbes à topologie identique désignent l'ajout d'enveloppes (shell); le nombre d'enveloppes augmente avec la réduction de la consommation d'énergie. La solution maximisant le profit pour une topologie fixée n'est pas nécessairement celle à consommation minimale, mais souvent une solution « relaxée » sur une courbe [108].

Les courbes en trait discontinu résultent de l'enveloppe des courbes des meilleures solutions pour un même nombre de modifications topologiques, selon la logique proposée par Asante et Zhu [30]. L'aire d'échange augmente de façon asymptotique avec la réduction de consommation d'énergie; ceci est dû à la réduction progressive de la différence de température dans un échangeur du réseau sur un chemin réchauffeur-refroidisseur (heater-cooler path), jusqu'à devenir nulle.

Ce graphe est largement utilisé; il permet de visualiser l'ensemble des solutions correspondant à différentes topologies et les deux principaux termes inclus dans une fonction de profit : le revenu est représenté par la réduction de la consommation d'énergie; le coût est représenté par l'aire d'échange, le nombre de modifications topologiques et le nombre d'enveloppes dans les échangeurs.

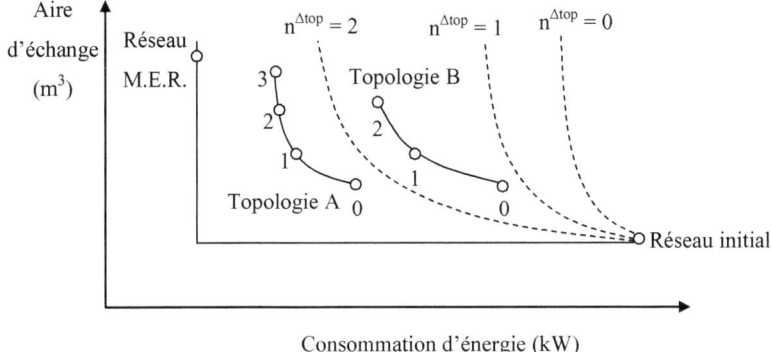

Figure 2-20 Graphe d'aire d'échange en fonction de la consommation d'énergie

2.3.6 Analyse critique

Les représentations visuelles sont utilisées dans le cadre de l'Analyse de Pincement. Cette dernière est utilisée pour identifier une référence, qui est un nouveau réseau conceptuel. La logique suivie pour la rétro-installation consiste à identifier ensuite des modifications qui rapprochent le réseau existant d'une référence.

Des informations sur les échanges actuels sont représentées afin d'identifier visuellement des modifications qui rapprochent le réseau existant d'une référence et qui présentent des avantages.

Les courbes composites avancées incluent des informations sur les réchauffeurs et refroidisseurs. Elles permettent d'estimer la quantité de chaleur qui peut économisée plus facilement en théorie, et donc un ciblage plus réaliste. Elles n'incluent pas d'information sur les échangeurs internes, ni sur les contraintes de connexion.

2.4   Lacunes dans l'ensemble des connaissances

Le processus fondamental permettant de réduire la consommation d'énergie dans un procédé par rétro-installation n'est pas explicite.

Les méthodologies d'intégration énergétiques par rétro-installation basées sur l'analyse se limitent souvent à comparer la situation réelle avec une situation de référence; elles consistent à évaluer un potentiel théorique d'économie et ensuite identifier des modifications qui rapprochent le réseau actuel d'un réseau « bien conçu » selon la thermodynamique.

Pour définir un problème de rétro-installation du système énergétique, il est nécessaire de spécifier (1) les sources et demandes en chaleur du procédé, (2) la façon dont celles-ci sont gérées dans le réseau actuel d'échanges de chaleur, et (3) les contraintes spécifiques à chaque connexion. L'utilisation de la méthode du pincement est la plus répandue mais rencontre des difficultés pour la rétro-installation des réseaux existants en interaction étroite avec le circuit d'eau. Seulement les sources et demandes (1) sont spécifiées dans cette approche. Ceci explique en grande partie les difficultés rencontrées lors de son utilisation dans les situations de rétro-installation et impliquant des transferts direct de chaleur. Un ensemble d'outils méthodologiques est actuellement nécessaire pour l'analyse énergétique par rétro-installation des systèmes incluant des transferts directs de chaleur. Pour réduire la consommation de chaleur, le réseau d'eau est d'abord modifié; ensuite les données correspondant au réseau modifié sont extraites et le ciblage est effectué; finalement des modifications dans le réseau d'échangeurs de chaleur à contact indirect sont proposées en comparant avec une situation de référence. L'approche séquentielle, d'abord modifier le réseau d'eau et ensuite le réseau d'échangeurs de chaleur à contact indirect, résulte de l'impossibilité de définir les contraintes spécifiques à chaque connexion dans la méthode de pincement.

Les approches numériques d'optimisation pour la rétro-installation sont complexes, nécessitent un temps de calcul élevé et ne garantissent pas l'optimalité. Leurs formulations actuelles incluent un modèle de coût d'opération et d'investissement, un bilan d'énergie et des contraintes de conception. Les difficultés rencontrées suggèrent que des améliorations significatives sont possibles en incluant plus de connaissances thermodynamiques dans la formulation.

Ces lacunes résultent ultimement de ce que le processus fondamental de réduction de consommation d'énergie par rétro-installation n'a pas été explicité. Des développements méthodologiques dans le domaine de l'intégration énergétique sont nécessaires.

L'énergie est conservée et dégradée dans un procédé; elle est soit convertie en électricité, soit stockée sous forme chimique, soit rejetée à l'environnement où sa dégradation est maximale. Réduire par rétro-installation la consommation d'énergie dans un système implique de réduire le débit de chaleur dégradée des utilités chaudes jusqu'à l'environnement. Cependant aucune méthode d'intégration énergétique n'analyse la dégradation progressive de l'énergie à partir des utilités chaudes jusqu'à l'environnement au travers des opérations et échanges de chaleur existants.

2.5 Hypothèses

La Figure 2-21 résume différents aspects critiques liés à la problématique de l'analyse énergétique d'une usine papetière et d'une bioraffinerie forestière.

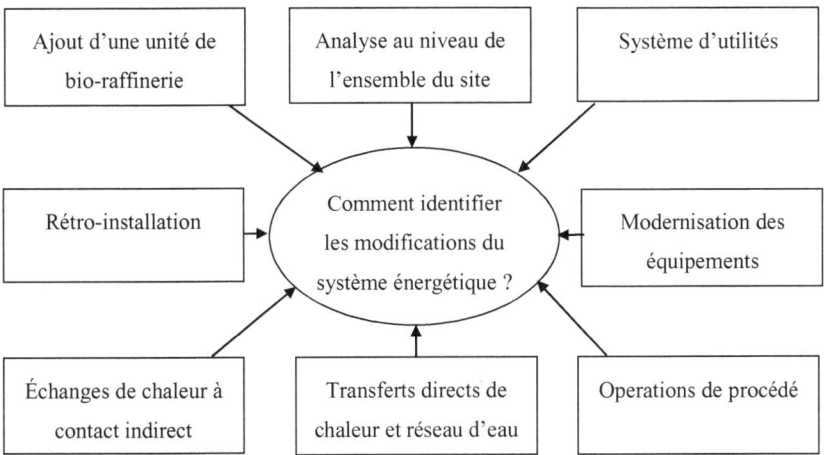

Figure 2-21 Problématique de l'analyse énergétique des usines de pâte et papiers et bio-raffineries

L'hypothèse de recherche principale découlant de cette problématique se résume ainsi :

L'analyse des modifications qui réduisent le débit de chaleur dégradée entre les utilités chaudes et l'environnement à travers le réseau actuel d'échangeurs de chaleur à contact indirect, les transferts directs de chaleur et les opérations de procédé peut servir de base au développement d'une méthodologie systématique et pratique d'intégration énergétique des usines, incluant les bio-raffineries – méthodologie basée sur les deux premiers principes de la thermodynamique de conservation et dégradation de l'énergie.

Les hypothèses secondaires rattachées à cette hypothèse principale sont les suivantes :

1. L'analyse de la dégradation progressive de la chaleur entre les utilités chaudes et l'environnement à travers les échangeurs de chaleur **à contact indirect** dans les procédés industriels peut servir de support au développement d'une méthode systématique d'intégration énergétique par rétro-installation des réseaux, et qui peut être validée par des études de cas.

2. La méthodologie développée pour l'analyse énergétique des réseaux d'échangeurs de chaleur à contact indirect peut être étendue **aux transferts directs** de chaleur et les opérations du procédé, et être validée avec des études de cas.

3. La représentation sur un diagramme des dégradations successives de l'énergie à partir des utilités chaudes jusqu'à l'environnement à travers les échanges de chaleur existants et les opérations permet d'identifier les modifications nécessaires dans (a) le système d'utilités, (b) le réseau d'échangeurs de chaleur et (3) les opérations de procédé, et est un outil efficace pour l'intégration énergétique des usines, incluant les procédés de bioraffinage.

CHAPITRE 3   APPROCHE MÉTHODOLOGIQUE

La recherche en conception de procédés a pour objectif de développer des outils ou méthodes d'aide à la prise de décision pour des applications industrielles. La validation de ces outils sur des études de cas est essentielle. La Figure 3-1 présente l'approche méthodologique globale et les liens avec les hypothèses.

Les étapes suivies dans cette thèse ont été les suivantes :

1. Analyse des méthodologies utilisées pour la réduction de la consommation d'eau et énergie

2. Analyse du procédé de pâte kraft.

3. Recueil de données dans une usine de pâte kraft au Canada

4. Construction d'un modèle du procédé de pâte kraft avec le logiciel Cadsim Plus Papdyn

5. Utilisation des outils d'analyse énergétique existants pour l'usine, tels que l'identification des opportunités à partir de l'analyse et du bon sens, l'analyse de pincement thermique et les approches associées, l'analyse du circuit d'eau, et l'optimisation

6. Développement d'une méthode pour la rétro-installation des réseaux d'échanges à contact indirect

7. Application et validation de la méthode développée avec des études de cas impliquant des échanges à contact indirect, dont le procédé de pâte kraft

8. Extension de la méthode développée pour les échanges à contact indirect aux transferts directs de chaleur

9. Application et validation des outils développés avec des études de cas impliquant des échanges à contact indirect et des transferts directs, dont le procédé de pâte kraft

10. Développement d'un diagramme représentant la conservation et la dégradation de l'énergie des utilités chaudes jusqu'à l'environnement et traversant les opérations ainsi que les échangeurs

11. Extension de la méthode d'analyse aux opérations de procédé et au niveau du site industriel

12. Application et validation de la méthodologie d'analyse énergétique avec des études de cas, incluant l'intégration d'une bioraffinerie dans une usine de pâte kraft

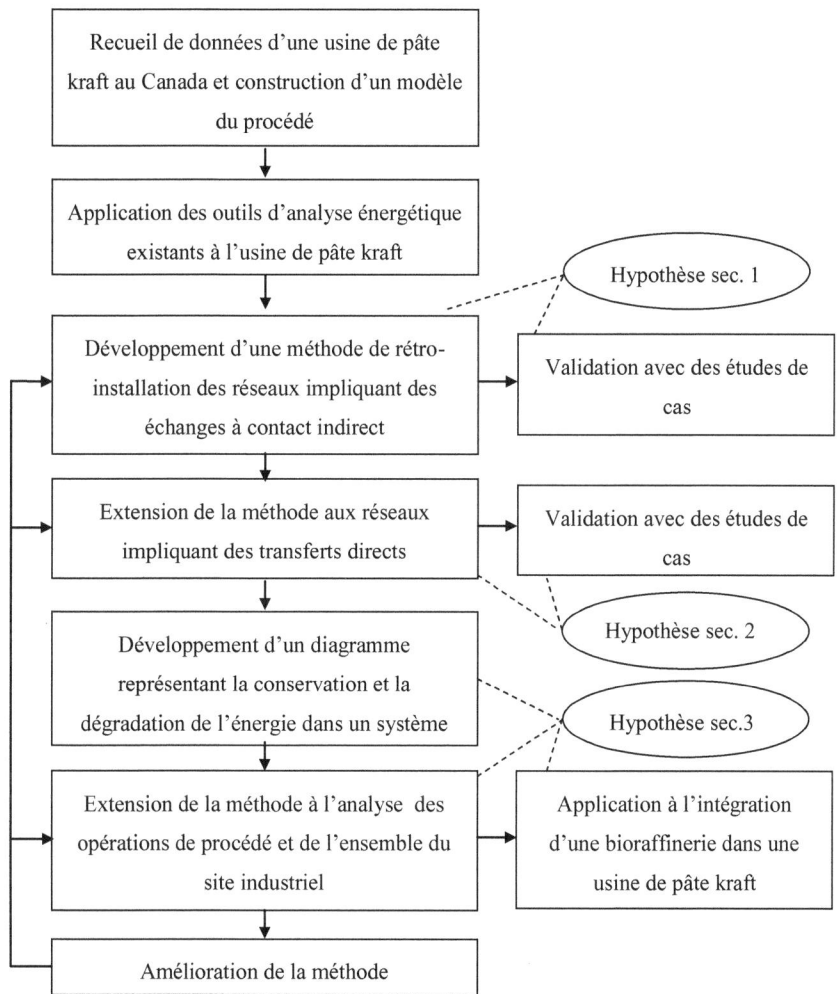

Figure 3-1 Méthodologie générale du projet

73

CHAPITRE 4 SYNTHÈSE

4.1 Présentation des articles

Le développement de la méthode pontale a été précédé par une revue des méthodologies existantes pour la rétro-installation du système énergétique des usines papetières, l'analyse et la modélisation d'une usine de pâte kraft au Canada. Les résultats ont été condensés dans un chapitre de livre, une présentation à la Semaine du Papier organisée par PAPTAC, et un article. La méthode pontale est présentée dans des articles qui ont été soumis à des journaux scientifiques. Les références des publications sont les suivantes:

1. J.-C. Bonhivers, et P. R. Stuart, " Applications of Process Integration methodologies in the pulp and paper industry ", chapitre du livre "Handbook of Process Integration (PI): Minimisation of energy and water use, waste and emissions," édité par J. Klemes, Université de Pannonia, Hongrie, Woodhead Publishing Series in Energy No. 61

2. Chew, I., Foo, D. C. Y., Bonhivers, J. C.; Stuart, P.R., Alva-Argaez, A., Savulescu, L., "A model-based approach for simultaneous water and energy reduction in a pulp and paper mill", Applied Thermal Engineering, v 51, n 1, p 393-400, 2012

3. J.-C. Bonhivers, S. Bala et P. R. Stuart, " New Analysis Method to Reduce the Industrial Energy Requirements by Heat-Exchanger Network Retrofit: Part 1 - Concepts", Applied Thermal Engineering, Article in Press, http://dx.doi.org/10.1016/j.applthermaleng.2014.04.078

4. J.-C. Bonhivers, S. Bala, et P. R. Stuart, " Bridge Analysis to Reduce the Industrial Energy Requirements by Heat-Exchanger Network Retrofit: Part 2 - Applications", soumis à Applied Thermal Engineering.

5. J.-C. Bonhivers et P. R. Stuart, " Bridge Analysis to Reduce the Heat Consumption by Retrofit of Networks Composed of Indirect-Contact Heat Exchanges and Direct Heat Transfers", soumis à Applied Thermal Engineering.

6. J.-C. Bonhivers, M. Korbel, M. Sorin et P. R. Stuart, " Energy Transfer Diagram for Improving Heat Integration of Industrial Systems", Applied Thermal Engineering, v 63 (1), pp. 468–479, 2014

La Figure 4.1 présente une brève description de ces articles ainsi que les liens entre eux.

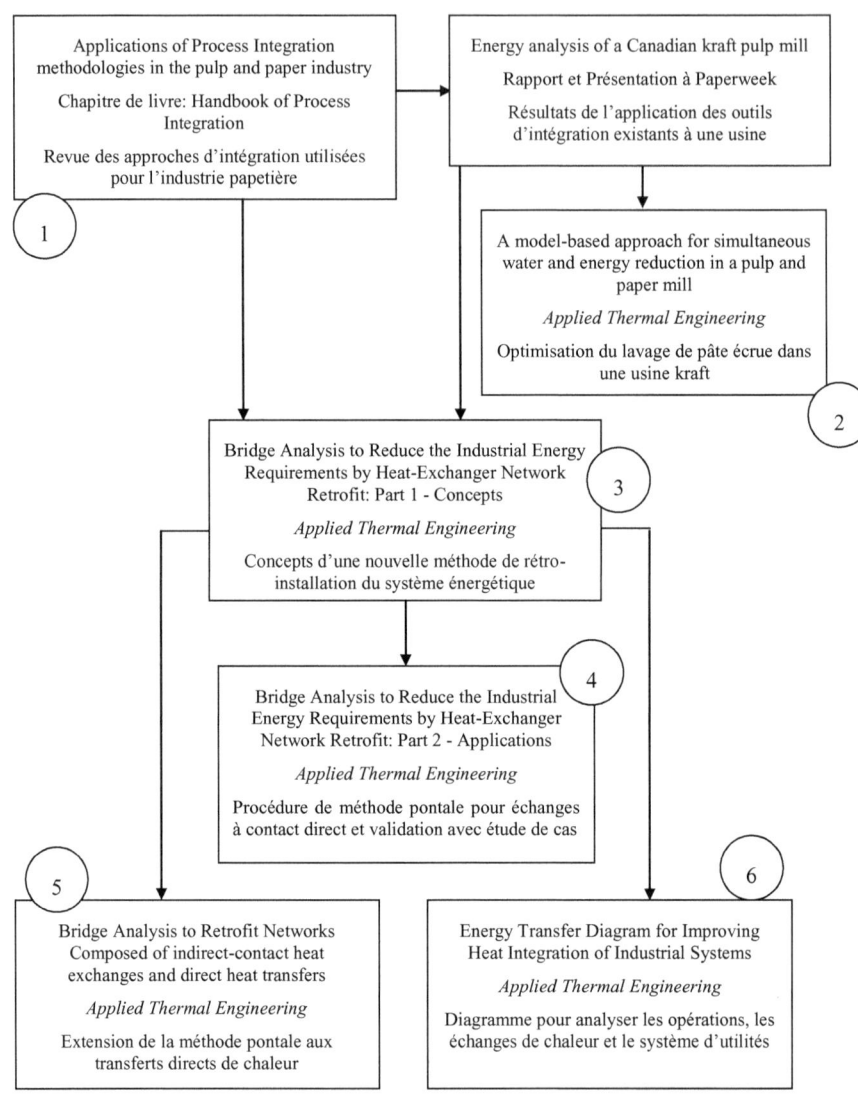

Figure 4-1 Organisation des articles

Organisation et description des articles

Dans la figure 4.1, le numéro 1 réfère à chapitre de livre dans lequel est présentée une revue des méthodologies d'intégration utilisées dans l'industrie des pâtes et papiers, qui est caractérisée par la situation de rétro-installation et l'importance des transferts directs de chaleur. Comme les interactions entre les réseaux d'eau et de chaleur sont étroites dans les usines, la plupart des approches considèrent le circuit d'eau dans l'analyse.

Les résultats d'analyse d'une usine de pâte kraft obtenus avec des outils d'intégration énergétique existants sont compilés dans un rapport ont été présentés à la Semaine du Papier organisée par PAPTAC en 2010. Les deux procédés de pâte kraft et les deux machines à papier de l'usine ont été modélisé avec le logiciel Cadsim Plus Papdyn. L'analyse inclut notamment la logique de contrôle du circuit d'eau, la dynamique du procédé, l'analyse de pincement, et l'optimisation du circuit du lavage dans la section du blanchiment avec le logiciel Matlab. De plus, une formulation NLP pour l'optimisation du système de production d'eau tiède et d'eau chaude de l'usine a été développée et utilisée sous le logiciel Matlab afin d'identifier les meilleures choix de contrôle lors de perturbations telles que l'encrassement d'un ou plusieurs échangeurs et la température de l'eau fraîche, qui varie selon la saison et a un impact important sur la consommation d'énergie de l'usine. La fonction de l'objectif à minimiser exprime le coût d'énergie lié au système de production d'eau. Les variables de décision sont le débit d'eau au travers les échangeurs et à l'entrée et sortie des réservoirs. Les principales contraintes représentent les bilans de matière et d'énergie, la relation entre la vitesse de l'eau dans les échangeurs et son coefficient de transfert de chaleur, les demandes du procédé, et les bornes minimales et maximales des débits passant dans les échangeurs. L'approche s'est révélée efficace. Cette piste devrait être poursuivie et appliquée. Les résultats ont été présentés à la Semaine du Papier 2010 organisée par Paptac.

Le numéro 2 réfère à un article dont le premier auteur est Irène Chew. L'analyse de l'usine avait montré qu'une réduction importante de la consommation d'énergie pouvait être obtenue par des modifications simples dans le système de lavage de la pâte écrue. Le circuit des eaux de lavage ne pouvait pas être organisé de façon classique à contre-courant, comme il est conseillé, du fait des contraintes du système et de l'historique de l'usine. Par conséquent, le circuit d'eau était le reflet des décisions prises par les ingénieurs, et le débit de liqueur noire envoyée au système d'évaporation était plus élevé d'environ 15% par rapport à la normale. Ceci avait pour résultat une augmentation de la consommation de vapeur dans la section d'évaporation de la liqueur noire, une augmentation de la consommation d'eau chaude et une diminution de température dans un réacteur de blanchiment. Une formulation MINLP basée sur une superstructure a alors été développée afin de réduire la consommation d'énergie. La fonction de l'objectif représente le coût, qui inclut la consommation d'énergie et l'investissement. Les variables de décision représentent les modifications dans le circuit d'eau de lavage. Les principales contraintes proviennent des bilans de matière et d'énergie, des équations d'efficacité des laveurs, des demandes du procédé et des relations de coût. Le problème a été résolu sous le logiciel LINGO. L'analyse a montré que la consommation d'énergie pouvait être réduite de façon significative grâce à quelques changements simples dans le circuit. Cette approche utilisant l'optimisation s'est révélé simple et efficace.

Le numéro 3 réfère à un article qui décrit les concepts à la base d'une nouvelle méthode de rétro-installation des échangeurs à contact indirect. Le mécanisme fondamental de réduction de la consommation d'énergie est explicité. Le pont, l'évaluation de celui-ci, une méthode pour l'identification systématique des ponts, et la table de réseau sont présentés.

Le numéro 4 correspond à un article présentant la procédure de la méthode pontale pour la rétro-installation des échangeurs à contact indirect et des applications, incluant le réseau d'une usine de pâte kraft. Les ponts sont énumérés et caractérisés. La topologie du réseau correspondant à des modifications pontales est présentée.

Le numéro 5 réfère à un article qui étend l'application de la méthode aux réseaux incluant aussi des transferts directs de chaleur. Ceux-ci sont particulièrement importants dans l'industrie papetière. La façon d'extraire les données est expliquée en détail. Celle-ci est rendue explicite par la méthode développée, qui est basée sainement sur le mécanisme fondamental de réduction d'énergie. Les applications sont ensuite présentées, incluant le système de production d'eau chaude de l'usine de pâte kraft qui avait été modélisée au début de la thèse.

Finalement le numéro 6 réfère à un article présentant le diagramme de transfert d'énergie qui permet d'identifier tous les ponts d'une usine, incluant des échangeurs à contact indirect, des transferts directs de chaleur ou des opérations de procédé. La construction et la façon d'interpréter le diagramme sont décrites en détail. Chaque courbe représente le débit d'énergie dégradé en fonction de la température. Le diagramme est ensuite utilisé pour l'intégration énergétique d'un procédé de production de furfural, seul ou associé à un procédé de pâte kraft.

Les liens entre les hypothèses de recherche et les articles sont résumés dans le

Tableau 4.1.

Tableau 4.1 Liens entre les hypothèses et les articles

	Hypothèse secondaire	Article(s) relié(s)
1)	Méthode pour échanges à contact indirect basée sur dégradation de chaleur	• Bridge Analysis to Reduce the Industrial Energy Requirements by Heat-Exchanger Network Retrofit: Part 1 - Concepts • Bridge Analysis to Reduce the Industrial Energy Requirements by Heat-Exchanger Network Retrofit: Part 2 - Applications
2)	Extension de la méthode pour transferts directs	• Bridge Analysis to Reduce the Heat Consumption by Retrofit of Networks Composed of Indirect-Contact Heat Exchanges and Direct Heat Transfers
3)	Identification des modifications avec diagramme dégradation	• Energy Transfer Diagram for Improving Heat Integration of Industrial Systems

La sous-section ci-après présente les concepts, une analyse de différents aspects et un résumé de la méthode pontale développée dans le cadre de cette thèse.

4.2 Concepts de la méthode pontale

Ce résumé débute avec la nomenclature utilisée et se poursuit avec l'extraction de données, la définition du pont de chaleur, la procédure d'identification des ponts, leur évaluation, la table de réseau, les transferts directs de chaleur, le diagramme de transfert d'énergie et la procédure globale pour la rétro-installation des réseaux d'échangeurs.

4.2.1 Nomenclature et conventions

La chaleur est transférée d'une source, qui peut être un courant de procédé ou d'une utilité de chauffage, à un puits, qui peut être un courant de procédé ou d'une utilité de refroidissement. Dans un réseau d'échangeurs de chaleur existant, un fournisseur est la partie de la source refroidie dans un échangeur, un récepteur la partie du puits réchauffée dans un échangeur. Un échangeur est désigné réchauffeur H si le fournisseur est une utilité de chauffage, un échangeur interne E si la chaleur est échangée entre une source de procédé et une demande de procédé, un refroidisseur C si la chaleur est évacuée du réseau. Un couple (match) composé du fournisseur a_m^s de l'échangeur A_m et du récepteur b_n^r de l'échangeur B_n est représenté par la convention $a_m^s b_n^r$. Les conventions pour représenter les couples fournisseur-récepteur sont résumées à la Tableau 4.2. Le réseau d'échangeurs de chaleur qui sera utilisé pour les explications des concepts est présenté à la Figure 4-2.

Tableau 4.2 Représentation des couples fournisseur-récepteur

Équipement	Refroidisseur, C_x	Échangeur interne, E_y	Réchauffeur, H_z
Couple	$c_x^s \, c_x^r$	$e_y^s \, e_y^r$	$h_z^s \, h_z^r$
Source	Source de procédé		Utilité de chauffage
Fournisseur	c_x^s	e_y^s	h_z^s
Transfert	↓	↓	↓
Récepteur	c_x^r	e_y^r	h_z^r
Puits	Environnement	Demande de procédé	

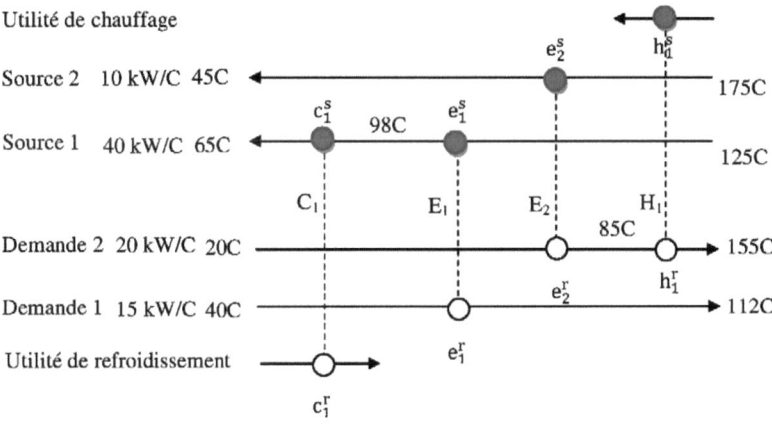

Figure 4-2 Exemple de réseau d'échangeurs de chaleurs

4.2.2 Extraction de données

Étant donné que la méthode pontale considère les contraintes propres à chaque connexion, la terminologie et l'extraction de données sont explicites. Pour la rétro-installation des réseaux d'échangeurs de chaleur, qu'ils soient à contact direct ou indirect, il est important de suivre les étapes d'extraction de données ci-dessous. Elles consistent à (1) déterminer explicitement les sources et besoins du procédé, (2) déterminer comment celles-ci sont gérées dans le réseau initial, et (3) définir les contraintes pour chaque nouvelle connexion. La seconde étape est spécifique à la situation de rétro-installation.

Étapes pour l'extraction de données :

1. Identifier les sources et demandes en chaleur du procédé. Déterminer pour celles-ci la chaleur spécifique (kW/°C) en fonction de la température, et la température des extrémités froide et chaude.

2. Déterminer comment les sources et demandes sont gérées dans le réseau initial, ce qui implique de décomposer les sources en fournisseurs et les demandes en récepteurs. Déterminer pour chaque fournisseur et récepteur la chaleur spécifique (kW/°C) en fonction de la température, et la température des extrémités froide et chaude.

3. Définir les contraintes propres à chaque couple possible fournisseur-récepteur. Les principales sont la faisabilité pratique (estimation coût), le type de transfert (direct ou indirect), et la différence minimale de température permise. Cette dernière peut être estimée par l'expérience et varie selon des données économiques, telles que le prix de la vapeur provenant des utilités de chauffage et refroidissement, la surface d'échange, la durée de projet et le taux d'intérêt.

4.2.3 Pont de chaleur

Réduire la consommation de chaleur implique de diminuer le débit de chaleur transféré entre les utilités de chauffage et l'environnement au travers des échanges. Cette section décrit l'ensemble fondamental de modifications permettant de réduire la consommation de chaleur, appelé 'Pont de chaleur'. Les caractéristiques des ensembles fondamentaux étant explicitées, l'énumération des possibilités de réduction est beaucoup plus simple, claire et systématique. Le concept de pont pourra ensuite être utilisé soit dans les approches de rétro-installation basées sur l'analyse et le raisonnement (insight-based methods) soit dans les approches basées sur l'optimisation numérique.

Un pont de chaleur représente un ensemble de modifications dans le réseau d'échangeurs de chaleur strictement nécessaires afin de réduire la consommation d'énergie. Un pont premier ne peut pas être décomposé en d'autres ponts et est un ensemble de l'une des deux formes suivantes :

A. $\{c_x^s\ h_z^r\}$

B. $\{c_x^s\ e_{y1}^r,\ e_{y1}^s\ e_{y2}^r,\ldots,\ e_{yn-1}^s\ e_{yn}^r,\ e_{yn}^s\ h_z^r\}$

Où x est l'indice d'un refroidisseur C, z l'indice d'un réchauffeur H, et $\{y1,\ldots,\ yn\}$ un sous-ensemble de n indices d'échangeurs internes E.

Dans la forme A, la chaleur qui était envoyée à l'environnement est utilisée pour un récepteur d'utilité chaude. Dans la forme B, la chaleur qui était envoyée à l'environnement est utilisée pour un récepteur d'échangeur interne, ce qui libère totalement ou partiellement le fournisseur correspondant dont la chaleur est récupérée, et ainsi de suite jusqu'à atteindre le récepteur d'un réchauffeur.

Rappelons que la chaleur évacuée d'une utilité de refroidissement est in fine envoyée à l'environnement. Voici quelques exemples de ponts premiers:

○ $\{c_1^s h_1^r\}$

- $\{c_1^s e_1^r, c_1^s e_1^r\}$

- $\{c_1^s e_1^r, e_1^s e_2^r, e_2^s h_1^r\}$

Les Figures 4-3 présentent des ponts premiers incluant une, deux et trois modifications. Un pont composé peut être décomposé en plusieurs ponts. Voici quelques exemples:

- $\{c_1^s e_1^r, c_1^s h_1^r, e_1^s h_1^r\}$

- $\{c_1^s e_1^r, c_1^s h_1^r, e_1^s e_2^r, e_2^s h_1^r\}$

- $\{c_1^s e_1^r, e_1^s e_2^r, e_1^s h_1^r, e_2^s h_1^r\}$

Le concept de pont est simple. La chaleur qui était envoyée à l'environnement est utilisée pour satisfaire une demande du procédé, ce qui ultimement a pour résultat une réduction de la consommation d'énergie. La chaleur est récupérée pour un récepteur; si le fournisseur correspondant envoie sa chaleur à l'environnement, l'énergie n'est pas récupérée; le fournisseur correspondant doit donc être connecté à un autre récepteur, soit d'un échangeur interne, soit d'un réchauffeur.

Un pont est un ensemble de nouveaux couples fournisseurs-récepteurs strictement nécessaire pour réduire la consommation de chaleur. Les ponts peuvent être identifiés systématiquement par algorithme ou avec le diagramme de transfert d'énergie qui sera présenté dans ce chapitre. Les nouveaux couples sont désignés par des flèches dans le diagramme de transfert d'énergie. Un nouveau couple implique soit la modification d'un échangeur existant, soit l'ajout d'un échangeur; la distinction entre ces deux possibilités peut être identifiée avec la table de réseau (voir plus loin).

Le coût correspondant à un nouveau couple dépend de l'investissement dû au placement de nouvelles conduites, l'achat ou la modification d'un échangeur et des pertes de charge. L'approche Matrix développée à Chalmers permet d'évaluer de tels coûts avec précision et peut en principe être utilisée dans la méthode pontale. Les données sur les connexions représentées dans un tableau (matrice, d'où le nom Matrix) peuvent être directement transférées dans la table de réseau dans la méthode pontale.

Distinction entre un pont et un chemin refroidisseur-réchauffeur (cooler-heater path)

Il est important de distinguer un pont d'un chemin. Un réseau inclut un « chemin refroidisseur-réchauffeur », tel que défini par la communauté dans le domaine de la rétro-installation des réseaux d'échangeurs de chaleur à contact indirect, si un refroidisseur et un réchauffeur sont connectés par des lignes horizontales et verticales dans un diagramme grille. La présence d'un chemin dans le réseau initial ou final n'est pas nécessaire pour réduire la consommation d'énergie. Un chemin est une caractéristique structurelle du réseau, et non un ensemble de modifications. Un pont par contre est un ensemble fondamental de modifications permettant de réduire la consommation d'énergie. Les ponts sont identifiés systématiquement sans considération des caractéristiques structurelles. Si des modifications pontales qui ont lieu le long d'un chemin nécessitent un coût d'investissement réduit, le pont correspondant sera identifié avec ses avantages. Notons également que le diagramme de transfert de chaleur qui est présenté plus loin est fondamental; il représente l'effet des deux premiers principes de la thermodynamique dans les procédés industriels. Ce diagramme montre que seulement un pont peut réduire la consommation d'énergie.

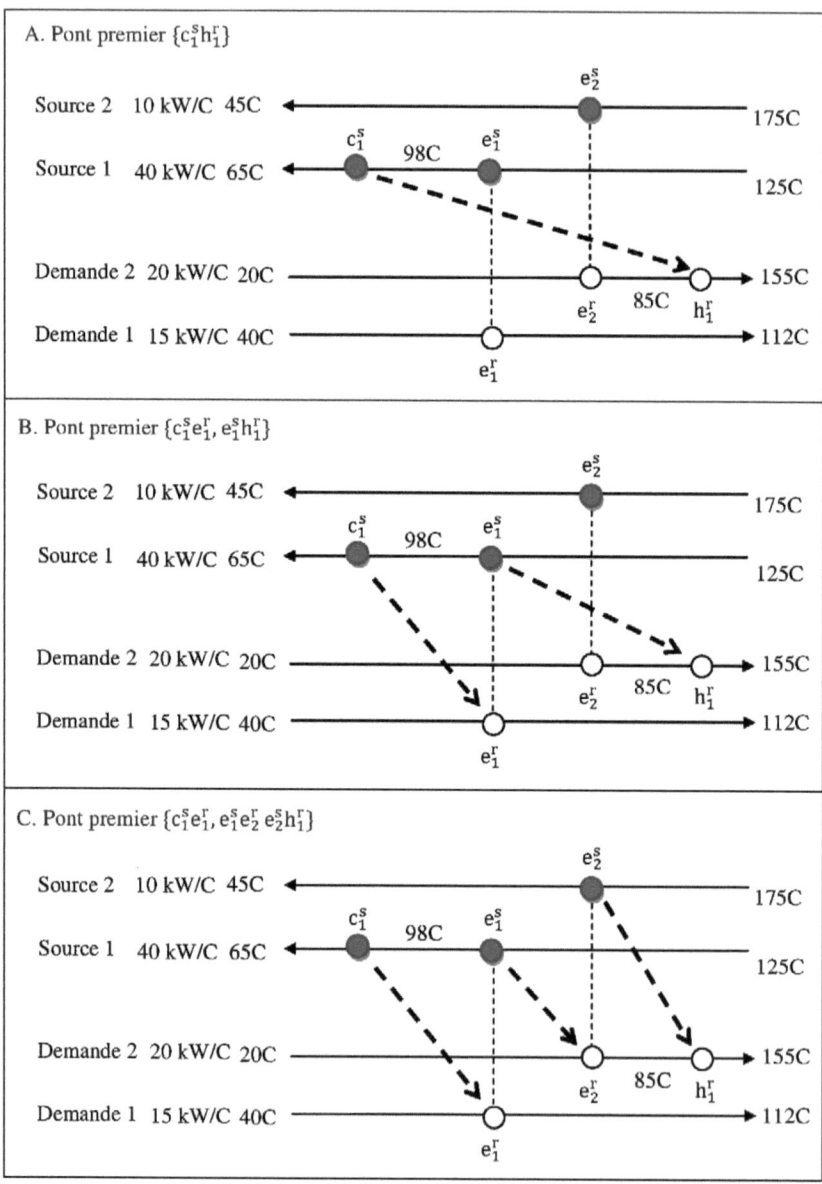

Figures 4-3 Ponts premiers

4.2.4 Identification des ponts

Les ponts sont les ensembles fondamentaux de modifications qui permettent de réduire la consommation d'énergie. Une procédure pour énumérer les ponts de façon systématique et efficace a été développée. Elle inclut trois niveaux de sélection, ou filtres. Le premier exclut les couples fournisseur-récepteur inutiles; le second identifie les ponts en utilisant les « Règles Pontales »; le troisième exclut les ponts inutiles de l'énumération.

Premier filtre : sélection des couples fournisseur-récepteur potentiels

Les couples qui ne peuvent être inclus dans un pont premier pertinent sont exclus. Chaque couple est testé selon trois critères successifs. Si un critère ne peut être satisfait pour un couple, le couple est exclu.

- Critère 1 : Le couple est réalisable en pratique, ou son coût fixe est inférieur à une valeur prédéfinie.
- Critère 2 : La capacité d'échange de chaleur du couple est supérieure à une valeur minimale Q_{min}^{couple}. Afin d'évaluer cette capacité, une différence minimale possible de température est spécifiée pour chaque couple.
- Critère 3 : Le couple est inclus dans au moins un pont premier pertinent.

Un pont premier est un ensemble de couples de la forme A ou B (cf. pont de chaleur). Un pont premier est 'pertinent' si un bénéfice correspondant est possible, qui dépend de la réduction de la consommation d'énergie et du coût d'investissement. Le troisième critère implique de lister tous les ponts premiers qui incluent les couples qui réussissent le second test, évaluer leur capacité d'économie d'énergie et estimer leur coût d'investissement. L'ensemble des couples potentiel est obtenu par l'union des ponts premiers pertinents. Par conséquent, cet ensemble initial est une structure pontale. Tous les ponts qui seront identifiés sont des sous-ensembles de cet ensemble initial.

Considérations sur le nombre de couples dans un pont premier

Le nombre maximal de couples dans un pont est théoriquement égal au nombre d'échangeurs internes dans le réseau initial plus un. Cependant le bénéfice correspondant à un pont dépend de l'économie d'énergie et de l'investissement. Les coûts fixes d'investissement augmentent avec le nombre de couples. La capacité d'économie d'énergie des ponts premiers diminue au-delà d'un nombre de couples car elle est limitée par la plus petite capacité d'échange d'énergie des couples inclus dans le pont premier. Par conséquent, le nombre de couples dans un pont premier est en pratique sévèrement limité. Certains ponts premiers incluent un nombre élevé de couples, par exemple cinq, si ceux-ci sont situés sur un chemin refroidisseur-réchauffeur car l'investissement peut être réduit dans ce cas.

Considérations sur les nouveaux couples menant à une perte d'exergie

Chaque nouveau couple libère totalement ou partiellement un fournisseur. Si l'exergie du fournisseur libéré par un nouveau couple est inférieure à celle du fournisseur utilisé, il y a perte d'exergie : le couple est thermodynamiquement inutile et mène à un nouvel « échange croisé » (criss-cross exchange), situation défavorable. La moitié des nouveaux couples mènent à une perte d'exergie. Un couple menant à une perte d'exergie $e_{y1}^s e_{y2}^r$ est toujours joint à un couple correspondant $e_{y2}^s b_m^r$. Ces deux couples peuvent en principe être remplacés par un couple direct $e_{y1}^s b_m^r$ qui conduit à une économie d'énergie supérieure ou équivalente et requiert moins de surface d'échange. Cependant le couple direct peut être difficilement réalisable en pratique ou coûteux. La règle suivante est proposée : un pont premier qui inclut un couple avec perte d'exergie est considéré comme pertinent si son bénéfice (ex. Valeur Actualisée Nette) est supérieur au pont correspondant qui inclut le couple direct.

Second filtre : utilisation de « Règles Pontales » pour identifier les ponts composés

Au premier de niveau de sélection, les ponts premiers ont été identifiés systématiquement avec facilité en listant les refroidisseurs, les échangeurs internes et les réchauffeurs. L'ensemble des couples potentiel a été obtenu par l'union des ponts premiers pertinents. Les ponts composés sont des sous-ensembles de l'ensemble initial. Combiner les ponts premiers peut nécessiter beaucoup d'opérations et être peu efficace car plusieurs combinaisons mènent parfois au même résultat. Dès lors des « règles pontales » ont été développées afin de minimiser le nombre d'opérations. Le principe est de définir les conditions que doit respecter tout pont. Si un ensemble de couples respecte les règles pontales, cet ensemble est un pont.

Règles pontales:

- o Au moins un couple avec le fournisseur c_x^s d'un refroidisseur doit être inclus
- o Au moins un couple avec le récepteur h_z^r d'un réchauffeur doit être inclus.
- o Chaque couple avec le fournisseur e_y^s d'un échangeur interne implique au moins un autre couple avec son récepteur associé e_y^r.
- o Chaque couple avec le récepteur e_y^r d'un échangeur interne implique au moins un autre couple avec le fournisseur associé e_y^s.
- o Aucun couple avec le fournisseur h_z^s d'un réchauffeur n'est autorisé.
- o Aucun couple avec le récepteur c_x^r d'un refroidisseur n'est autorisé.

Troisième filtre : exclusion des ponts inutiles de l'énumération

L'addition de couples à un pont mène à une augmentation du coût d'investissement et ne peut jamais diminuer la capacité d'économie. Le pont résultant, qui est composite, est considéré « utile » si sa capacité d'économie d'énergie augmente strictement, et est considéré « inutile » dans le cas contraire. Le principe de ce filtre est d'ajouter seulement à un pont utile un nombre minimal de couples de sorte que les règles pontales soient satisfaites. L'énumération s'arrête quand la capacité d'économie n'augmente plus ou quand un nombre prédéfini de couples inclus dans un pont est atteint. La procédure suivante est proposée :

- o Les ponts de départ sont les ponts premiers de l'ensemble des couples potentiels.
- o Étape d'ajout : un nombre minimal de couples est ajouté à un pont utile selon les règles pontales.
- o Le pont résultant est utile si sa capacité d'économie du pont augmente strictement.
- o Si le nombre de couples dans un pont utile est inférieur à une valeur maximale, retour à l'étape d'ajout.

Par conséquent les ponts utiles, qui incluent le nombre minimum de couples, sont identifiés. Les autres ponts sont exclus. Ce filtre est efficace particulièrement lorsque l'ensemble initial inclut un grand nombre de couples.

4.2.5 Évaluation des ponts

La capacité de réduction d'énergie d'un pont peut facilement être évaluée par Programmation Linéaire (LP). Un modèle de transport (transportation) ou un modèle de transbordement (transhipment) basé sur une cascade de chaleur peut être utilisé [109 et 110]. Dans le modèle de transport, la chaleur est transférée directement d'un intervalle de température de fournisseur à un intervalle de température de récepteur;

l'information sur le transfert est gardée. Le modèle de transbordement utilise le principe de cascade de chaleur : à chaque intervalle de température la chaleur en excès est cascadée à plus basse température. Par conséquent la chaleur cascadée peut venir de n'importe quel intervalle de température supérieure. Cela permet de réduire le nombre de variables mais il y a perte importante d'information. Il n'est plus possible d'estimer la surface d'échange nécessaire (qui dépend de la différence de température dans le transfert) ni d'identifier la topologie du réseau. Le modèle de transbordement est cependant le plus utilisé dans le domaine de l'intégration énergétique. Le Tableau 4.3 présente une comparaison des deux modèles. Les possibilités d'utilisation du modèle de transport incluent toutes les possibilités du modèle de transbordement. Le modèle de transport a été choisi pour la méthode pontale car il permet de plus d'estimer la surface d'échange, et d'identifier complètement la topologie du réseau correspondant à un pont avec l'ajout de variables binaires (formulation jointe dans l'annexe 5). Ce modèle décrit mieux le phénomène d'échange de chaleur, est plus intuitif, et convient parfaitement à la table de réseau. Le seul avantage du modèle de transbordement est la réduction du nombre de variables. Le nombre de variables dépend du nombre de fournisseurs $\square_\square$, du nombre de récepteurs $\square_\square$, et du nombre d'intervalles de température $\square_\square$ selon la formule décrite dans la table. Si le nombre d'intervalles de température est égal à 10, le nombre de variables pour le modèle de transport est égal à 5 fois celui pour le transbordement. Cette différence pouvait être réellement appréciée et importante dans les années 1980 mais l'est beaucoup moins maintenant. Ainsi la capacité d'économie d'un pont dans un réseau composé d'échanges à contact direct ou indirect peut être évaluée facilement pour les deux modèles avec un solveur Excel.

Tableau 4.3 Comparaison des modèles de transfert de chaleur

Critère	Modèle de transbordement	Modèle de transport
Nombre de variables	$n_s * n_r * n_i$	$n_s * n_r * \dfrac{n_i^2}{2}$
Possibilité d'évaluer la capacité d'économie pour les échanges à contact indirect	oui	oui
Possibilité d'évaluer la capacité d'économie pour les transferts directs	oui	oui
Possibilité d'évaluer la surface d'échange	non	oui
Possibilité d'identifier la topologie correspondant à un pont	non	oui

La topologie finale du réseau résultant de modifications pontales peut être identifiée soit par analyse basée sur l'ingénierie soit par optimisation. L'approche par optimisation nécessite l'utilisation de variables binaires afin de considérer les contraintes de conception. Les formulations MILP développées par Pettersson [111] et Barbaro *et al* [46] sont particulièrement pertinentes; elles sont basées sur le modèle de transport, qui convient à la table de réseau. La formulation proposée par Pettersson a servi de base à la nôtre. Les principales différences sont les suivantes :

- La formulation de Pettersson a été développée pour la conception de nouveaux réseaux. Les sources et les demandes ne sont donc pas décomposées en fournisseurs et récepteurs. La décomposition en intervalles de température est ainsi différente.

- La formulation de Pettersson ne considère pas la configuration à co- ou contre-courant des échangeurs de chaleur. Nous avons rajouté les contraintes relatives à la configuration.

Rappelons que les variables de décision sont limitées à celles relatives aux modifications pontales. L'espace de recherche est donc fortement réduit dans l'analyse pontale. Un modèle MINLP basé sur une superstructure peut également être envisagé. A nouveau, l'avantage de l'analyse pontale réside en ce que la taille du problème d'optimisation est fortement réduite. Le choix d'une topologie doit aussi considérer certains critères d'opérabilité, tels que la flexibilité, la contrôlabilité, la sécurité, le démarrage et l'arrêt de la production. La formulation permettant d'identifier la topologie finale du réseau est présentée dans l'annexe 5.

4.2.6 Table de réseau

Une table a été développée pour faciliter l'identification et l'évaluation des ponts. L'idée d'une table est venue naturellement; son caractère bidimensionnel convient à la représentation des transferts de chaleur entre une source et une demande en général. Dans un premier temps, l'intérêt d'utiliser un tel outil est devenu évident lors d'une réflexion pour identifier de façon systématique et efficace les ponts. Les concepts d'exclusion des couples inutiles de l'ensemble initial, d'utilisation de règles pontales pour identifier les ponts composites, et d'exclusion des ponts inutiles de l'énumération ont été développés en utilisant une table. Par la suite la table s'est révélée très pratique pour évaluer la capacité d'économie d'un pont et identifier la topologie finale du réseau.

Dans la table de première décomposition les sources et les demandes sont décomposées en fournisseurs et récepteurs, respectivement. Elle offre une vision sur l'ensemble des possibilités de rétro-installation. Dans la table de seconde décomposition les fournisseurs et récepteurs sont à leur tour décomposés en intervalles de température dans lesquels la chaleur peut ou ne peut pas être transférée. Cette table permet d'évaluer les modifications, ex. les débits de chaleur, la surface d'échange et la topologie finale du réseau.

Table de première décomposition

Dans cette table les lignes correspondent à des fournisseurs, et les colonnes correspondent à des récepteurs. Chaque cellule représente un couple fournisseur-récepteur. Des lignes séparent les sources entre elles et les demandes entre elles. Des informations correspondant aux couples peuvent être ajoutées, par ex. la faisabilité pratique, le coût d'investissement, la différence de température, la capacité d'échange de chaleur ou la variation d'exergie. Le Tableau 4.4 présente les capacités d'échange en kW pour chaque couple en considérant une différence minimale autorisée de température égale à 10°C. La capacité d'échange des couples qui n'existent pas dans le réseau initial est affichée entre parenthèses. Nous pouvons remarquer que le réseau initial n'inclut aucune boucle et aucun chemin refroidisseur-réchauffeur, que les nouveaux couples $c_1^s e_2^r$ et $c_1^s h_1^r$ nécessitent ensemble seulement une nouvelle connexion entre la source 1 et la demande 2, et que les couples $c_1^s e_1^r$ et $e_2^s h_1^r$ ne nécessitent aucune nouvelle connexion mais seulement des modifications dans les échangeurs.

Tableau 4.4   Table de première décomposition du réseau initial avec capacité d'échange

Source 2	e_2^s	1300	(1300)	(1080)	**1300**	(800)
Source 1	e_1^s	1080	(1080)	**1080**	(1080)	(600)
	c_1^s	1320	**1320**	(720)	(1300)	(60)

Utilité chaude HU		1400	Économie	(1080)	(1300)	**1400**

	1320	1080	1300	1400
CU	e_1^r	e_2^r	h_1^r
Env.	Demande 1	Demande 2	

Évaluation de la borne supérieure du débit de chaleur au travers des couples en série

Le débit au travers des couples en série est limité par la capacité d'échange minimale des couples impliqués. Par exemple le débit de chaleur au travers des ponts premiers de notre exemple est limité par les bornes suivantes (la capacité d'échange de chaque couple est indiquée entre parenthèses) :

$\{c_1^s \, h_1^r \, (60kW)\}$ Capacité d'économie = 60 kW

$\{c_1^s \, e_1^r \, (720kW), e_1^s \, h_1^r \, (600kW)\}$ Capacité d'économie = 600 kW

$\{c_1^s \, e_2^r \, (1300kW), e_2^s \, h_1^r \, (800kW)\}$ Capacité d'économie = 800 kW

Le Tableau 4.5 montre le réseau résultant du pont $\{c_1^s \, e_2^r \, (1300kW), e_2^s \, h_1^r \, (800kW)\}$. 1300kW ont été transférés de c_1^s à e_2^r ; par conséquent le fournisseur e_2^s est complètement libre et peut transférer 800 kW à h_1^r. L'excès de 500kW est envoyé à l'environnement. La consommation d'énergie a été réduite de 800kW. Cette valeur est inscrite dans la cellule *Économie* à l'intersection des utilités chaude et froide. La somme des débits transférés dans chaque ligne et colonne est constante; ceci est dû au bilan d'énergie.

Tableau 4.5 Table de première décomposition du réseau après modifications pontales

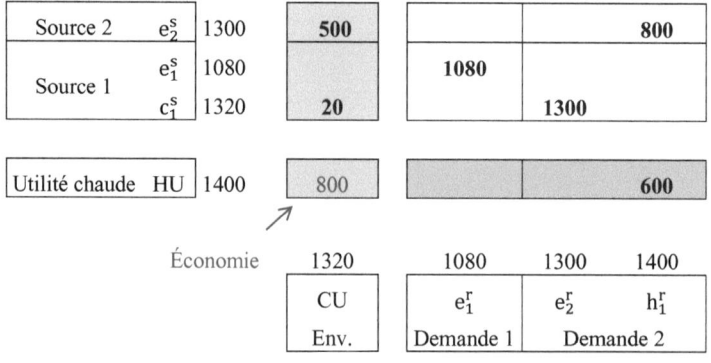

Les étapes nécessaires pour construire la table de première décomposition sont les suivantes :

1. Décomposer les sources en fournisseurs et les récepteurs en récepteurs selon le réseau initial.
2. Déterminer pour chaque fournisseur et récepteur la charge de chaleur et les températures d'extrémités chaude et froide.
3. Déterminer la faisabilité pratique pour chaque nouveau couple.
4. Ajouter l'information dans les cellules, par ex. la capacité d'échange des couples pratiques.

Cette table est pratique pour représenter l'ensemble initial des couples, c'est-à-dire après exclusion des couples inutiles.

Table de seconde décomposition

Afin d'évaluer les débits de chaleur au travers un ensemble de couples, les fournisseurs et récepteurs sont à leur tour décomposés. Seulement la partie du fournisseur à une température supérieure à celle de la température de l'extrémité froide T_c du récepteur plus $\Delta Tmin$ est utilisable pour le transfert. De même, seulement la partie du récepteur à une température inférieure à celle de la température de l'extrémité chaude T_h du fournisseur moins $\Delta Tmin$ est utilisable pour le transfert. Par conséquent la quantité de chaleur qui peut être transférée est toujours comprise entre zéro et le minimum entre la charge de chaleur de la partie utilisable du fournisseur et celle de la partie utilisable du récepteur.

La décomposition en intervalles de température pour notre exemple est présentée à la Figure 4.4. Une différence minimale permise de température égale à 10°C pour chaque couple a été préalablement choisie.

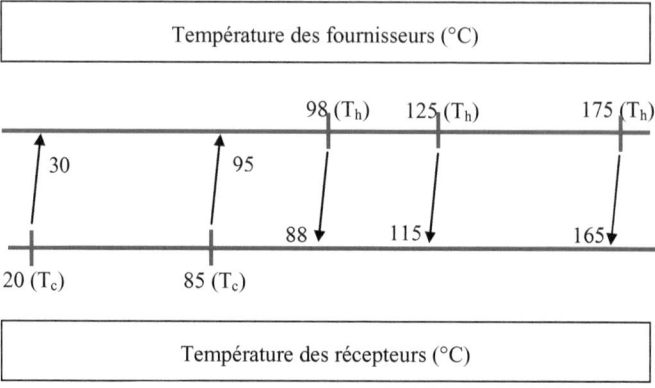

Figure 4-4 Décomposition en intervalles de température pour notre exemple

La table de seconde décomposition correspondant à une configuration à contre-courant pour les échanges initiaux de notre exemple est présentée dans le Tableau 4.6. Les variables sont les débits de chaleur dans les cellules en kW et les fractions d'utilisation des fournisseurs et récepteurs dans chaque intervalle de température. Un réseau est complètement défini soit par les débits de chaleur dans les cellules, soit par les fractions d'utilisation et la configuration des échanges (co- ou contre-courant). Au travers des modifications, la somme des débits de chaleur est constante dans chaque ligne et colonne. Les changements dans la consommation d'énergie sont indiqués dans la cellule à l'intersection des utilités chaude et froide. Le Tableau 4.7 présente le réseau après la modification pontale $\{c_1^s \, h_1^r\}$.

Les étapes nécessaires pour construire la table sont les suivantes :

1. Décomposer les sources et demandes en fournisseurs et récepteurs, respectivement.

2. Déterminer pour chaque fournisseur et récepteur la charge de chaleur et les températures d'extrémités chaude et froide.

3. Déterminer la faisabilité pratique pour chaque nouveau couple.

4. Décomposer chaque fournisseur et récepteur en intervalles de température.

5. Distinguer les zones où la chaleur peut ou ne peut pas être transférée.

6. Ajouter les données correspondant au réseau initial.

Tableau 4.6 Table de seconde décomposition correspondant au réseau initial

Bloc gauche (fournisseurs)

Source 2	175	1300	e_2^s	500
	125	800		270
	98	530		30
	95	500		450
	50	50		50
	45			
Source 1	125	2400	e_1^s	1080
	98	1320	c_1^s	120
	95	1200		1200
	65			

1.00	120
1.00	1200
	1.00

Utilite chaude	200	1400	HU1	1400

0
Economie

Bloc droit

					1.00	500				
Debits de chaleur					1.00	270			x	
				x	1.00	30		x	x	
			x	x	1.00	350	100	x	x	x
	x	x	x	1.00	50	x		x	x	x
fraction utilisation				1.00	1.00					

1.00	675	45	360					x
			x				x	x
		x	x				x	x
	1.00	1.00	1.00					

	1.00		60	540	800
			1.00	1.00	1.00

Bloc inférieur récapitulatif

Sources T (°C) h (kW)	s	h (kW)									
	r	1320	675	45	360		400	900	60	540	800
		CU1	e_1^r				e_2^r		h_1^r		
h (kW)		1320	675	720	1080		400	1300	1360	1900	2700
T (°C)		20	40	85	88	112	20	40	85	88	115	155
Puits		Env.	Demande 1				Demande 2				

Tableau 4.7 Table de seconde décomposition du réseau après modification pontale

Source 2	175	1300		500								500		
	125	800		270								270		x
	98	530	e_2^s	30				x				30	x	x
	95	500		450			x	x			350	100	x	x x
	50	50		50		x	x	x			50	x	x	x x
	45													
Source 1	125	2400	e_1^s	1080			675	45	360					x
	98	1320		120	60			x				60	x	x
	95	1200	c_1^s	1200	1200		x	x				x	x	x
	65													

Utilite chaude	200	1400	HU1	1400		Economie	60			0	540	800

Sources	T (°C) h (kW)	s	h (kW)	1320	675	45	360	400	900	60	540	800
		r	CU1		e_1^r			e_2^r		h_1^r		
		h (kW)	1320		675	720	1080	400	1300	1360	1900	2700
		T (°C)	20		40	85	88	112	20 40	85	88	115 155
		Puits	Env.			Demande 1				Demande 2		

Utilisation de la table pour évaluer des modifications

L'évaluation de la capacité d'économie d'un pont correspond à un simple problème de programmation linéaire qui peut facilement être résolu avec le solveur Excel ou tout autre. Les variables du modèle de transport sont explicites dans la table de seconde décomposition. La fonction de l'objectif représente l'économie d'énergie. Les variables de décision sont les débits de chaleur dans les cellules. Les contraintes sont les suivantes : la somme des débits de chaleur dans chaque ligne et colonne est constante; les débits doivent être positifs; et seulement les débits au travers des couples impliqués dans le pont peuvent être modifiés. La surface d'échange peut également être estimée; elle est proportionnelle au débit de chaleur dans chaque cellule.

La topologie finale du réseau peut être identifiée soit par analyse d'ingénierie soit par optimisation. Dans l'approche par optimisation l'utilisation de variables binaires est nécessaire pour considérer les contraintes topologiques, qui sont liées aux fractions d'utilisation dans chaque intervalle de température. Dans la formulation basée sur le modèle de transport, un échangeur doit avoir les fractions d'utilisation identiques dans chaque intervalle de température participant au transfert; seulement la première et la dernière fraction d'utilisation de la séquence d'intervalles de température peut avoir une valeur inférieure pour indiquer que le transfert ne commence pas nécessairement aux frontières de l'intervalle. La formulation MILP proposée par Pettersson [111] est basée sur le modèle de transport et a été développée pour la conception de nouveaux réseaux. Elle a été adaptée pour notre situation en rétro-installation. Les variables de décision sont limitées à celles du pont; par conséquent l'espace de recherche est réduit.

Les formulations permettant d'évaluer la capacité de réduction d'énergie d'un pont, le coût de la surface, et d'identifier la topologie finale du réseau sont présentées dans l'Annexe 5.

4.2.7 Extension de la méthode pontale aux transferts directs de chaleur

La méthode pontale a d'abord été développée pour les échanges de chaleur à contact indirect. Cependant la consommation d'énergie peut aussi être réduite par des modifications des transferts directs de chaleur, qui impliquent des réallocations de courants. Les transferts directs sont particulièrement importants dans l'industrie papetière, où la consommation d'eau est élevée et les interactions entre réseaux de chaleur et d'eau étroites. Grâce au fait que les contraintes de connexion sont explicites dans la méthode pontale, l'extension de celle-ci aux transferts directs est simple et naturelle. Les deux règles relatives aux transferts directs sont les suivantes :

o La température d'extrémité froide des sources et demandes en eau chaude est égale à celle de l'environnement.

o La différence minimale de température permise entre la source et la demande égale zéro.

Toute réduction de la consommation de chaleur implique de diminuer le débit de chaleur transféré des utilités chaudes jusqu'à l'environnement, où la dégradation est maximale. La chaleur dans l'eau au-dessus de la température d'environnement peut être récupérée par échange à contact indirect ou réallocation. De même une demande en eau chaude peut être satisfaite par échange à contact indirect ou en utilisant directement de l'eau chaude. Par conséquent la température d'extrémité froide des sources et demandes d'eau chaude est celle de l'environnement. Ceci est dû au fait que la réallocation est possible. Remarquons qu'il est toujours correct de spécifier comme température d'extrémité froide celle de l'environnement pour un courant qui n'est pas de l'eau mais que cela est inutile si la réallocation de ce courant est interdite (du fait de sa composition, il doit être envoyé vers une unité d'opération déterminée).

Si un transfert direct de chaleur dans un couple est possible, la différence minimale de température permise égale zéro. Le modèle de mélange parfait implique qu'aucune différence de température n'est nécessaire pour cette opération.

Remarquons que la première règle concerne les deux premières étapes de l'extraction de données; la deuxième concerne la troisième étape. Ces règles sont conformes au bon sens. Leur simplicité vient du fait que la méthode pontale spécifie les contraintes propres à chaque connexion.

4.2.8 Diagramme de transfert d'énergie

Le diagramme de transfert d'énergie permet de visualiser les effets des deux premiers principes de la thermodynamique de conservation et dégradation de l'énergie dans chaque opération et échange de chaleur et au niveau de l'usine. Il permet d'identifier les modifications dans le réseau d'échangeurs de chaleur conduisant à une réduction de consommation d'énergie (ponts), les modifications des opérations de procédé conduisant à une réduction de consommation d'énergie, et d'analyser le système énergétique global du site industriel. Dans les procédés industriels la chaleur est transférée des utilités chaudes jusqu'à l'environnement ou bien convertie en une autre forme d'énergie. Les opérations de procédé et les échanges de chaleur dégradent la qualité de l'énergie; l'énergie est conservée mais l'entropie augmente. L'environnement correspond au niveau maximal de dégradation. Seront présentés successivement les principes du diagramme, l'évaluation de la courbe de transfert d'énergie correspondant à un système, et les possibilités d'utilisation. Dans ce qui suit, « opération de procédé » désigne une opération autre qu'un échange de chaleur.

Principe

La chaleur émise par les utilités chaudes peut être dégradée jusqu'à son niveau maximal, celui de l'environnement. L'énergie cinétique des molécules au niveau des utilités chaudes, dont les mouvements sont désordonnés, est graduellement transmise à un nombre croissant de molécules dont l'énergie cinétique est moindre, jusqu'à l'environnement.

Dans le diagramme, l'axe d'ordonnée représente le débit d'énergie transférée $\dot{E}$, et l'abscisse représente la température. Le débit d'énergie traversant chaque niveau de température à partir des utilités chaudes jusqu'à l'environnement est évalué par bilan pour un système, dont les limites peuvent inclure une opération de procédé, un échangeur de chaleur, un département ou l'ensemble du site industriel. Le diagramme correspondant à un procédé dans lequel la chaleur n'est pas convertie en une autre forme d'énergie a une forme rectangulaire; cette forme montre que l'énergie est conservée à chaque niveau de température et est progressivement dégradée des utilités chaudes jusqu'à l'environnement par les opérations et échangeurs de chaleur. La courbe d'opération est la limite entre les zones des opérations et des échangeurs. Un ensemble de modifications qui réduit le débit de chaleur transféré des utilités chaudes jusqu'à l'environnement, c'est-à-dire un pont, est nécessaire pour réduire la consommation d'énergie. Le minimum de la consommation de chaleur qui peut être atteint par rétro-installation du réseau d'échangeurs de chaleur est égal au maximum de la courbe globale d'opération. La courbe globale d'opérations peut être abaissée par des modifications dans le procédé (Figures 4.5). Les Figures 4.6 présentent une situation dans laquelle la chaleur n'est pas convertie dans une autre forme d'énergie. La figure a montre le débit de chaleur transférée entre une utilité chaude HU et une demande de procédé au travers d'un réchauffeur H. Le débit augmente de la température de l'environnement T_e jusqu'à celle de la demande T_d car la chaleur transmise par l'utilité chaude est progressivement captée par la demande. La figure b montre la dégradation de la chaleur au travers d'une opération PO, par exemple un mélange avec un courant à la température de l'environnement. Le courant de demande en chaleur alimente l'opération; la chaleur est dégradée, et ressort sous la forme d'une source à plus basse température T_d. Cette chaleur est alors envoyée à l'environnement au travers d'un refroidisseur C (Figure c). Le débit de chaleur cascadée est identique entre les utilités chaudes et l'environnement (Figure d). Ceci est l'expression des deux premiers principes de la thermodynamique de conservation et dégradation de l'énergie. Trois zones de dégradation sont visibles, H, PO, et C. La

Figure d peut être réarrangée de sorte que la zone correspondant à l'opération de procédé soit placée dans le bas (Figure e).

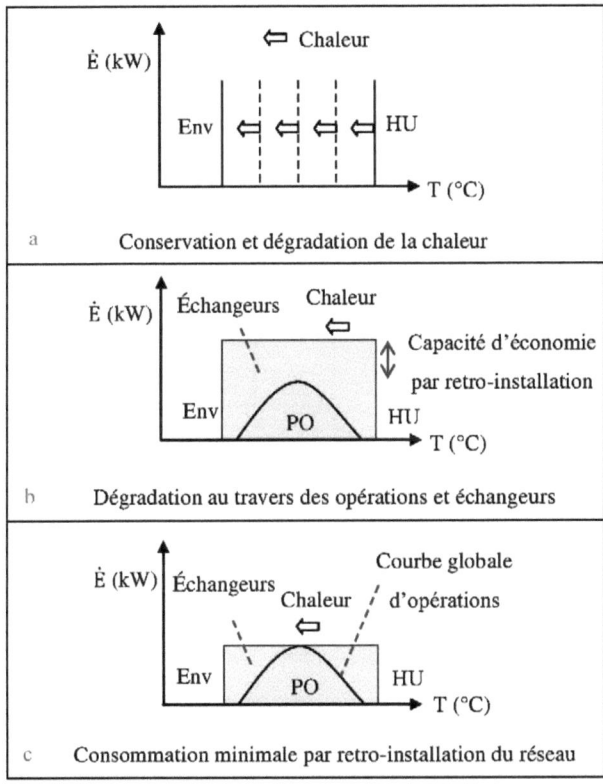

Figures 4-5 Diagramme de transfert d'énergie et consommation minimale

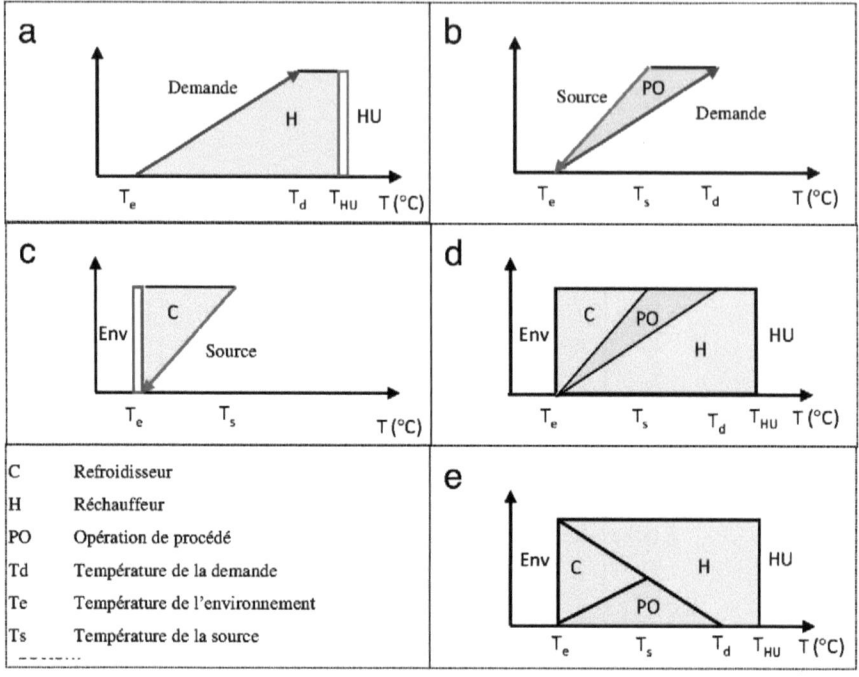

Figures 4-6 Débit identique de chaleur entre l'utilité chaude et l'environnement

Évaluation de la courbe de transfert d'énergie d'un système

Le débit d'énergie $\dot{E}$ traversant la température T résulte du bilan d'énergie; il est égal à la différence entre les débits de chaleur cumulée à l'entrée et à la sortie du système en considérant l'environnement pour référence (équation 4).

$$\dot{E}(T) = \sum_0 \dot{h}_o(T) - \sum_i \dot{h}_i(T) \qquad \text{Équation 4}$$

$$\dot{h}_o(T) = \dot{m}_o * \left(H_o(T) - H_o(T_e)\right) \qquad \text{si } T \leq T_o$$

$$\dot{h}_o(T) = \dot{m}_o * \left(H_o(T_o) - H_o(T_e)\right) \qquad \text{si } T > T_o$$

$$\dot{h}_i(T) = \dot{m}_i * \left(H_i(T) - H_i(T_e)\right) \qquad \text{si } T \leq T_i$$

$$\dot{h}_i(T) = \dot{m}_i * \left(H_i(T_i) - H_i(T_e)\right) \qquad \text{si } T > T_i$$

Avec

$\dot{E}(T)$: Débit d'énergie transférée à travers la température T, kW

$\dot{h}_i(T)$: Débit de chaleur cumulée de l'entrée i à la température T, kW

$\dot{h}_o(T)$: Débit de chaleur cumulée de la sortie o à la température T, kW

$H_i(T)$: Enthalpie massique de l'entrée i à la température T, kJ/kg

$H_o(T)$: Enthalpie massique de la sortie o à la température T, kJ/kg

$\dot{m}_i$: Débit massique de l'entrée i, kg/s

$\dot{m}_o$: Débit massique de la sortie o, kg/s

T_e: Température de l'environnement

T_i: Température de l'entrée i

T_o: Température de la sortie o

En utilisant la terminologie de l'analyse de pincement, la courbe de transfert d'énergie est la différence entre la courbe composite des sorties et la courbe composite des entrées du système. Le système peut être un échangeur, une opération, un département, une usine, etc. Deux exemples sont décrits ci-après, la courbe de transfert d'un échangeur et celle d'un système de colonne de distillation.

Courbe de transfert d'énergie d'un échangeur de chaleur

Les Figures 4-7a, 4-7b et 4-7c présentent un exemple d'échangeur de chaleur à contact indirect, le débit de chaleur cumulée des entrées et sorties, et la courbe de transfert, respectivement. La température de l'environnement est supposé égale à 10°C. Le débit de chaleur transférée augmente avec la charge de l'échangeur et la différence de température. Les ponts les plus rentables impliquent souvent des modifications d'échangeurs dont le débit de chaleur cascadée est grand et étendu sur un large intervalle de température. Il sera montré plus loin comment identifier les ponts d'énergie avec le diagramme.

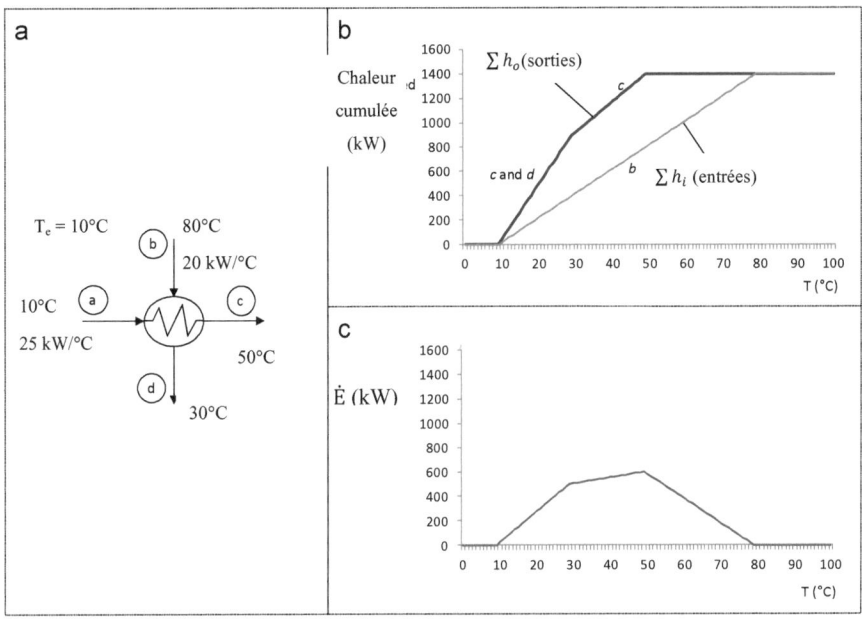

Figures 4-7 Courbe de transfert de chaleur pour un échangeur

Courbe de transfert d'énergie d'une colonne à distillation

La Figure 4.8a présente une colonne de distillation avec ses entrées et sorties. Une perte vers l'environnement est supposée. Les températures au pied et au sommet de la colonne égalent 80°C t 30°C, respectivement. Les débits de chaleur cumulée à l'entrée et la sortie augmentent à partir de la température de l'environnement, égale à 10°C, jusqu'à la température des courants au niveau de l'opération, comme montré à la Figure 4.8b. La courbe de transfert d'énergie, qui est la différence entre les débits de chaleur cumulée à la sortie et l'entrée est présentée à la Figure 4.8c.

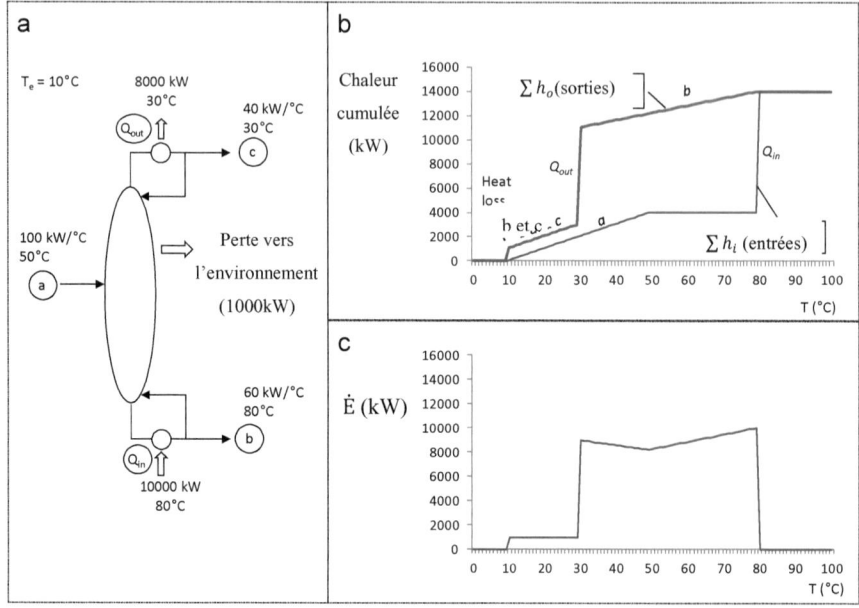

Figure 4-8 Courbe de transfert de chaleur pour un système de colonne de distillation

Comment utiliser le diagramme de transfert d'énergie

Le diagramme permet d'identifier les modifications dans le réseau d'échangeurs de chaleur et les opérations de procédé de réduction de la consommation d'énergie, et d'analyser l'ensemble du site industriel.

Identification facile des ponts

Réduire la consommation de chaleur par des modifications dans un réseau implique de réduire le débit de chaleur cascadée au travers des échanges entre des utilités chaudes et l'environnement. Ces modifications doivent établir un pont entre les sorties de chaleur vers l'environnement et des récepteurs de réchauffeur. Tous les ponts sont visibles sur le diagramme.

Si les opérations de procédé sont inchangées, la consommation minimale qui peut être atteinte sans contrainte de connexion égale le maximum de la courbe globale d'opération (Figures 4.5). Le minimum de consommation qui respecte les contraintes de différence de températures entre les sources et demandes est égal au maximum de la courbe globale d'opération après déplacement le long de l'abscisse des sources et demandes d'une distance égale à leur contribution (représentée par $\Delta T/2$). Les Figures 4-9a et 4-9b présentent un exemple de réseau d'échangeurs avant rétro-installation et après rétro-installation conduisant au minimum de la consommation d'énergie, respectivement. Les diagrammes de transfert d'énergie avant et après rétro-installation sont présentés sur les Figures 4-10a and 4-10b, respectivement. Ces diagrammes n'ont pas une forme rectangulaire car la dégradation d'énergie due aux opérations n'est pas représentée; l'attention est portée sur les modifications dans le réseau. La capacité d'économie d'énergie est égale à la valeur minimale du débit de chaleur dans le réseau entre les utilités chaudes et l'environnement, 1000kW. Le diagramme du réseau avant initial de la Figure 4-10a montre que l'utilisation du fournisseur du refroidisseur C_1 pour le récepteur de l'échangeur interne E_1 permet de libérer le fournisseur correspondant qui peut alors être utilisé pour le récepteur du réchauffeur H_1. Par conséquent le pont $\{c_1^s\, e_1^r, e_1^s h_1^r\}$ est nécessaire. Les flèches correspondant aux modifications pontales sont indiquées sur la Figure 4-10a. La Figure 4-10b montre que les modifications pontales ont pour effet de réduire le débit de chaleur transférée sur l'ensemble de la gamme de température entre une utilité chaude et l'environnement. La Figure 4-11 permet de comprendre cet effet : le transfert de x kW du fournisseur c_1^s au récepteure_1^r libère le fournisseur e_1^s de la même quantité de chaleur qui est alors utilisée pour le récepteurh_1^r, ce qui réduit de la même quantité la chaleur fournie par l'utilité chaude.

Tous les ponts peuvent être identifiés sur le diagramme. Si les courbes de transfert d'énergie avec une température plus élevée d'extrémité chaude du fournisseur sont classées en-dessous des autres, alors toute flèche représentant un nouveau couple fournisseur-récepteur orientée vers le bas correspond à un transfert favorable tandis que toute flèche orientée vers le haut correspond à un transfert défavorable (criss-cross match). Un transfert défavorable peut avoir pour conséquence une réduction de la capacité d'économie d'énergie, une augmentation de la surface d'échange nécessaire et un nombre plus élevé de modifications. Cependant un tel transfert peut parfois être utile s'il conduit à une réduction du coût d'investissement.

Les liens entre la courbe de débit total de chaleur des figures 4-10 et la courbe composite globale d'une part et les courbes composites avancées d'autre part sont les suivants. La courbe de débit total de chaleur égale la courbe composite globale qui serait obtenue avec une différence minimale de température d'approche égale à zéro et qui aurait été translatée vers le haut d'une quantité égale au potentiel d'économie d'énergie dans le réseau d'échangeurs avant rétro-installation. La courbe de débit total de chaleur est aussi égale à la somme de la courbe théorique de charge de chaleur (THLC) et de la courbe théorique de charge de refroidissement (TCLC) lorsque ces courbes sont obtenues avec une différence minimale entre les échangeurs (EMATD) égale à zéro.

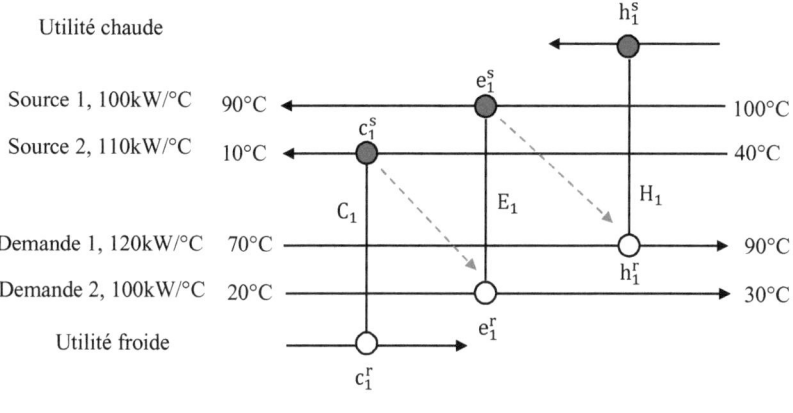

(a)

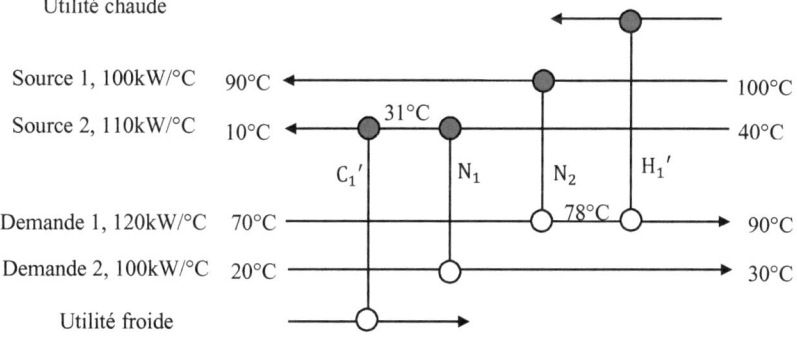

(b)

Figures 4-9 Exemple de réseau avant (a) et après (b) rétro-installation

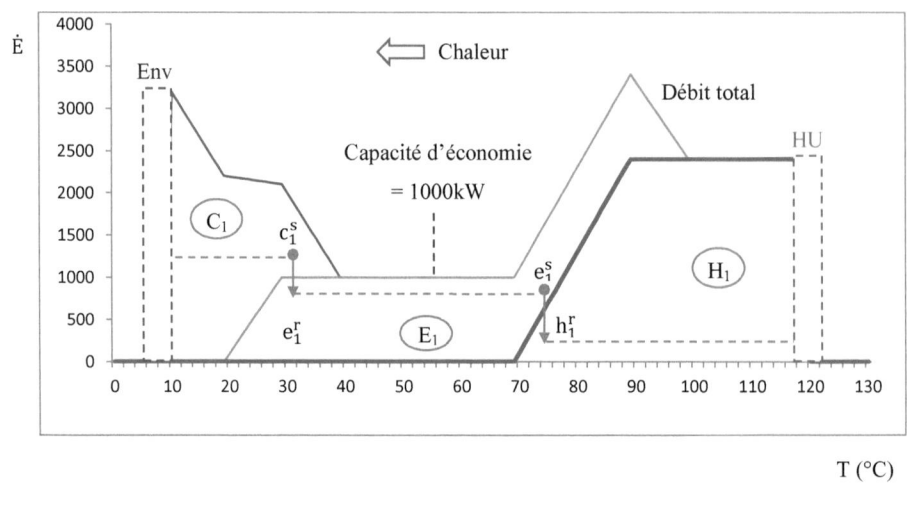

(a)

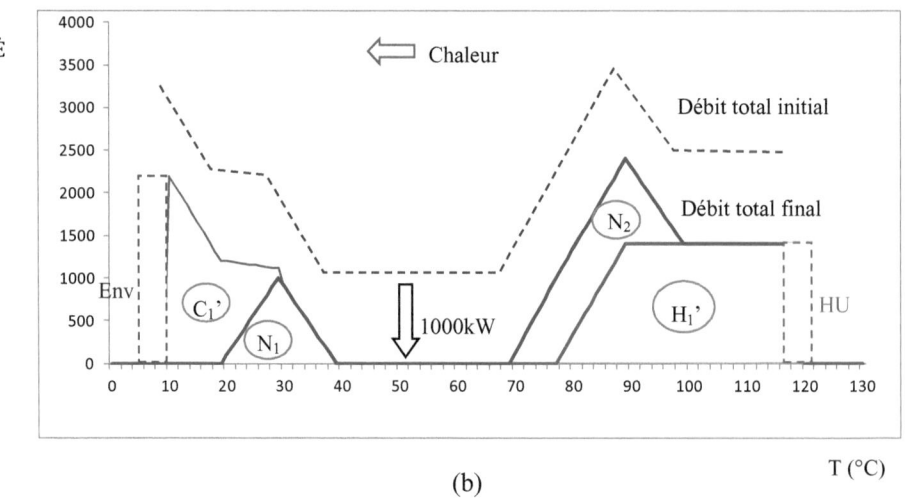

(b)

Figure 4-10 Diagramme de transfert d'énergie avant (a) et après (b) rétro-installation

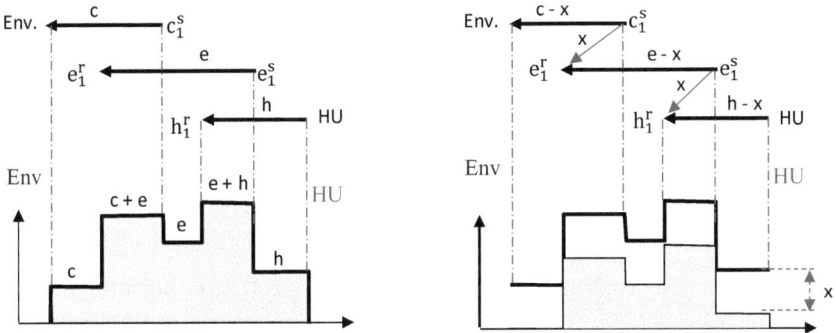

Figure 4-11 Explication de la réduction du débit par modifications pontales

Identification de modifications d'opération pour réduire la consommation d'énergie

Il est aussi possible de réduire la consommation d'énergie en modifiant des opérations de procédé. En fait la nécessité de modifications pontales pour réduire la consommation d'énergie est valable tant pour le réseau d'échangeurs que pour les opérations. Un pont peut être composé de modifications dans des échangeurs ou dans des opérations. La consommation minimale qui peut être atteinte avec des modifications dans le réseau, sans considérer les contraintes de connexion, est égale au maximum de la courbe globale d'opération (Figures 4-5). Cet extremum peut être modifié par des changements d'opération. La modification d'opération dont la courbe de transfert est non nulle à la température correspondant au maximum de la courbe d'opération a pour effet de modifier la consommation minimale. Ceci peut par exemple impliquer la suppression d'une perte de chaleur, la réduction de la dégradation de chaleur due à un mélange non-isotherme, ou le changement de la pression dans une colonne de distillation, comme montré à la Figure 4-12. Il est important de rappeler que des modifications dans le procédé peuvent avoir un effet positif sur les économies d'énergie seulement si celles-ci sont incluses dans un pont. Le diagramme, qui montre l'ensemble des dégradations causées par les opérations et échangeurs entre les utilités chaudes et l'environnement est un outil particulièrement puissant pour cette analyse.

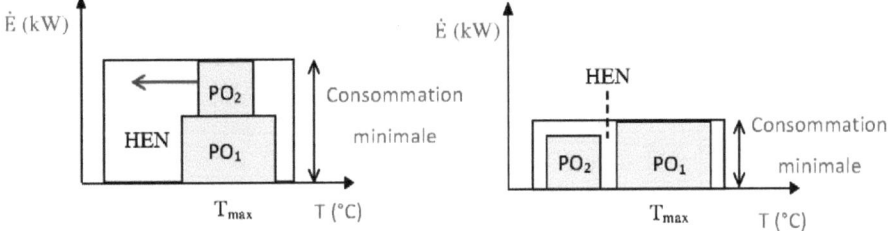

Figure 4-12 Réduction de la consommation minimale par modification de PO₂

Analyse énergétique globale du site industriel

Le diagramme peut être utilisé pour des applications qui vont bien au-delà de la rétro-installation des réseaux d'échangeurs. Le diagramme est très utile pour l'intégration énergétique en général, par exemple l'aménagement des chaudières et des turbines, le placement des utilités multiples, l'évaluation de la chaleur en excès théorique et directement disponible, l'identification d'opportunités d'insertion d'une pompe à chaleur, etc.

La chaleur, l'électricité et l'enthalpie chimique sont des formes usuelles d'énergie qui peuvent être converties sur un site industriel. Par exemple la vapeur à haute pression peut alimenter une turbine, produire de l'électricité et de la vapeur basse pression qui alimente le réseau d'échangeur de chaleur; cette chaleur peut ensuite être stockée en énergie chimique par réaction endothermique ou bien être dissipée à l'environnement (Figure 4-13). La conservation, dégradation et conversion de l'énergie peut être représentée sur le diagramme avec pour axe d'abscisse le ratio énergie-exergie. Cette figure montre la perte d'exergie dans la turbine, qui est égale à la perte correspondant à la détente de la vapeur moins le gain correspondant à la production d'électricité.

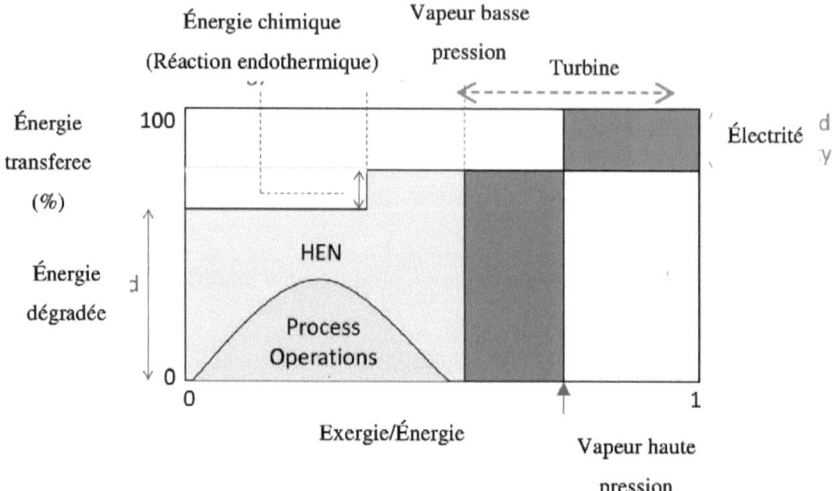

Figure 4-13 Diagramme de transfert d'énergie avec conversion d'énergie

Le mot « ex-ergie » est composé des racines grecques exprimant le travail qui peut être extrait d'un système dans son environnement. L'exergie B représente ainsi la quantité maximale de travail qui peut être obtenu d'un système; elle dépend de l'enthalpie H, l'entropie S et la température d'environnement T_e selon la relation suivante :

$$dB = dH - T_e * dS \qquad \text{(Equation 5)}$$

L'exergie thermique est nulle à la température d'environnement. L'équation 5 conduit au facteur de température proposé par Carnot après dérivation selon l'enthalpie et après avoir remplacé l'entropie par l'expression exprimant sa dépendance avec la chaleur apportée au système à une certaine température.

Remarques sur le diagramme de transfert d'énergie

Le diagramme pourrait aussi être nommé « diagramme de dégradation d'énergie » ou « diagramme de pont d'énergie ». Le diagramme est un outil puissant d'analyse énergétique de l'ensemble du site industriel, incluant le système d'utilités, les opérations de procédé, les pertes vers l'environnement et le réseau d'échangeurs. Il représente l'effet des deux premiers principes de la thermodynamique de conservation et dégradation d'énergie dans une usine et fait la synthèse entre deux grandes approches d'analyse énergétique : l'analyse de pincement et l'analyse exergétique. Il explique la présence du « pincement naturel » dans un procédé industriel, qui est la limite entre des zones excédentaire et déficitaire en chaleur causées par la dégradation d'énergie dans les opérations. Toute réduction de la consommation d'énergie nécessite un pont incluant des modifications dans le réseau d'échangeurs ou dans les opérations, et a pour effet de translater la courbe du total des transferts d'énergie vers le bas.

Les courbes de transfert d'énergie peuvent être organisées de plusieurs façons. Si les opérations de procédé sont considérées, nous suggérons de placer les courbes correspondant à celles-ci dans le bas. Les opérations peuvent ainsi être analysées indépendamment du réseau d'échangeurs. Par contre si seulement le réseau d'échangeurs de chaleur est considéré, il est suggéré de classer les courbes de transfert selon la température d'extrémité chaude du fournisseur décroissante. De la sorte les modifications pontales favorables (avec augmentation d'exergie) sont représentées par des flèches orientées vers le bas, tandis que les modifications qui mènent à de nouveaux échanges croisés (criss-cross match), qui sont défavorables mais parfois nécessaires pour réduire le coût d'investissement, sont représentées par des flèches orientées vers le haut.

Si seulement des modifications dans le réseau d'échangeur sont considérées, la capacité de réduction d'énergie évaluée sans tenir compte des contraintes de connexion est égale au minimum du débit d'énergie transférée entre les utilités chaudes et l'environnement au travers le réseau. La capacité de réduction évaluée en tenant compte d'une différence minimale de température spécifique entre chaque fournisseur et récepteur est égale au minimum du débit d'énergie transférée entre les utilités chaudes et l'environnement au travers le réseau après avoir soit translaté chaque fournisseur et récepteur sur l'abscisse selon sa contribution. Une autre façon de considérer les contraintes de différence minimale de température dans le diagramme est de les représenter par une couche supplémentaire autour de chaque opération de procédé (Figure 4.14). Les courbes de transfert des opérations de procédé sont ensuite additionnées et la valeur maximum de la somme indique la consommation minimale qui peut être atteinte par rétro-installation du réseau d'échangeurs avec respect des contraintes de différence minimale de température. L'ajout de couches représentant les contraintes de différence minimale de température se fait au détriment du réseau d'échangeurs. Dans la Figure 4-14, les surfaces correspondant au réchauffeur H et au refroidisseur C sont devenues plus petites, celle correspondant à l'opération de procédé PO est inchangée.

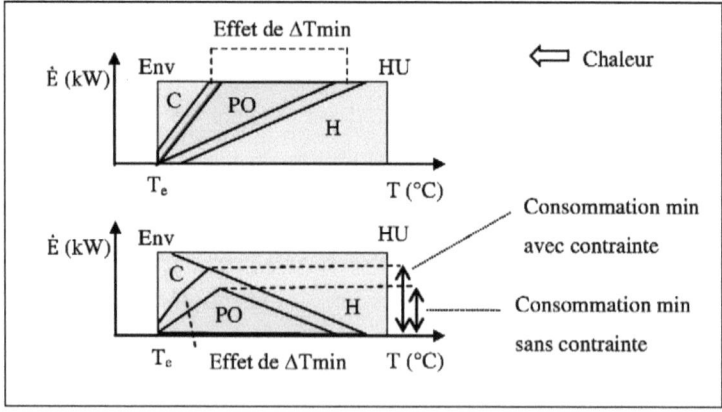

Figure 4-14 Évaluation du minimum de la consommation d'énergie avec contrainte

Il a été proposé d'évaluer la courbe de transfert d'énergie d'un système à partir de la différence entre les courbes d'enthalpie des sorties et des entrées, avec la température de l'environnement pour référence. Une autre façon d'évaluer la courbe de transfert d'un système consiste à calculer pour chaque entrée et sortie le débit de chaleur qui serait cascadée par un refroidissement hypothétique jusqu'à l'environnement. Le débit d'énergie transférée $\dot{E}(T)$ est égal à la différence entre la somme de chaleur cascadée des entrées et la somme de chaleur cascadée des sorties (équations 6 à 8).

$$\dot{E}(T) = \sum_i \dot{c}_i(T) - \sum_o \dot{c}_o(T) \qquad \text{Pour } T \geq T_e \qquad \text{(Equation 6)}$$

$$\dot{c}_i(T) = \dot{m}_i * \frac{dH_i}{dT} \qquad \text{(Équation 7)}$$

$$\dot{c}_o(T) = \dot{m}_o * \frac{dH_o}{dT} \qquad \text{(Équation 8)}$$

Avec:

$\dot{E}(T)$: Débit d'énergie transférée à travers la température T, kW

$\dot{c}_i(T)$: Débit de chaleur cascadée de l'entrée i à travers la température T, kW

$\dot{c}_o(T)$: Débit de chaleur cascadée de la sortie o à travers la température T, kW

$H_i(T)$: Enthalpie massique de l'entrée i à la température T, kJ/kg

$H_o(T)$: Enthalpie massique de la sortie o à la température T, kJ/kg

$\dot{m}_i$: Débit massique de l'entrée i, kg/s

$\dot{m}_o$: Débit massique de la sortie o, kg/s

Notons finalement que le diagramme de transfert d'énergie d'un site industriel peut aussi être présenté par un carré de côté unitaire, avec le rapport Exergie/Énergie pour abscisse et la fraction de consommation d'énergie pour ordonnée. La surface de chaque système représente de la sorte sa fraction de perte d'exergie par rapport à l'ensemble du site industriel. Toutes les proportions de perte d'exergie dues à la chaudière, aux turbines, aux opérations de procédé, au réseau d'échangeurs sont alors visibles; ceci permet des comparer plusieurs usines et d'obtenir un diagnostic rapide du système d'énergie et des opportunités d'amélioration, qui impliquent des modifications pontales, qui peuvent elles-aussi être identifiées.

Résumé sur le diagramme de transfert d'énergie

Le diagramme proposé est fondamental. Il représente l'effet des deux premiers principes de la thermodynamique de conservation et dégradation de l'énergie pour chaque opération de procédé et échangeur, et pour l'ensemble du site industriel. Le diagramme explique la présence naturelle d'une zone excédentaire et une zone déficitaire en chaleur dans un réseau d'échangeur de chaleur; elles sont dues à la dégradation de chaleur dans les opérations de procédé. La frontière entre ces zones est située au maximum de la courbe globale d'opération.

Si l'énergie thermique n'est pas convertie en une autre forme d'énergie, le débit de chaleur transféré est identique sur la gamme entière de température entre l'utilité chaude et l'environnement. Toute réduction de la consommation d'énergie implique de réduire ce débit sur tout cet intervalle. Ceci nécessite un pont. Tous les ponts sont visibles sur le diagramme.

Les informations disponibles sont les suivantes:

o Ensemble des modifications dans le réseau d'échangeurs menant à une réduction de la consommation d'énergie (pont composé de modifications dans le réseau seulement).

o Consommation minimum d'énergie par rétro-installation du réseau sans contraintes de connexion.

o Opérations de procédé à modifier afin de réduire la consommation d'énergie.

o Placement des utilités multiples, chaleur en excès disponible, opportunité d'insertion d'une pompe à chaleur.

o Perte d'exergie dans chaque opération et échangeur

4.2.9 Procédure de la méthode pontale pour la rétro-installation des réseaux d'échangeurs

Réduire la consommation d'énergie par rétro-installation du réseau implique de diminuer le débit de chaleur transféré des utilités chaudes vers l'environnement au travers des échangeurs. Les ponts sont les ensembles fondamentaux de modifications permettant de réduire la consommation d'énergie. Ces ensembles fondamentaux sont simplement énumérés. La procédure de la méthode pontale est présentée à la Figure 4-15. Les étapes 1,2 et 7 sont communes aux autres approches; les étapes 3 à 6 sont spécifiques à la méthode pontale.

La première étape est l'analyse du système d'énergie du site industriel en général afin de poser un diagnostic sur les avantages possibles d'une rétro-installation du réseau. Il est possible que la priorité soit l'amélioration d'une chaudière, l'installation d'une turbine de détente. Il est aussi possible que réduire la consommation de chaleur par rétro-installation du réseau ne soit pas avantageux du fait que les bénéfices provenant de la production d'électricité par une turbine soient importants. La seconde étape est l'extraction de données, qui inclut trois parties : l'identification et caractérisation des sources et demandes en chaleur du procédé; la description de la façon dont celles-ci sont gérées dans la situation présente; et la définition des contraintes spécifiques à chaque connexion, incluant la faisabilité pratique et la différence minimale autorisée de températures. Cette dernière peut être estimée par expérience ou à partir des coefficients de transfert de chaleur, du prix de la surface d'échange et de l'énergie. Un diagramme grille est souvent utilisé pour représenter le résultat des deux premières parties de l'extraction de données. Notons que l'utilisation d'une table, grâce à sa bi-dimensionnalité permettant de représenter chaque connexion, est très pratique pour afficher les résultats de l'ensemble de l'extraction de données. À l'étape 3 le diagramme de transfert d'énergie offre une vue globale sur les possibilités de réduction de la consommation d'énergie. À l'étape 4 la table de réseau est un outil pratique pour représenter l'ensemble des couples potentiels, caractériser les ponts et identifier la topologie finale du réseau. Cependant les étapes 3 et 4 ne sont pas obligatoires. L'étape 5 consiste à énumérer et caractériser les ponts. L'identification utilise trois filtres successifs : l'exclusion des couples inutiles; l'ajout de couples avec respect des conditions pontales; et l'exclusion des ponts inutiles de l'énumération. Seulement les couples qui peuvent être inclus dans des ponts premiers pertinents sont inclus dans l'ensemble des couples potentiels. Les ponts composites sont identifiés par ajout d'un nombre minimal de couples à des ponts utiles; un pont résultant de l'ajout de couples est utile si sa capacité d'économie augmente strictement; l'ajout d'un nombre minimal de couples implique que l'enlèvement d'un ou plusieurs couples ajoutés a pour effet que l'ensemble ne respecte plus les conditions pontales. La caractérisation du pont inclut l'évaluation de la capacité d'économie, les modifications et nouvelles connexions, l'estimation de la surface d'échange nécessaire et la possibilité d'enlever des échangeurs. Cette caractérisation permet de sectionner les ponts intéressants. À l'étape 6, la topologie finale correspondant à un pont peut être identifiée par analyse d'ingénierie ou optimisation. Dans la seconde approche les variables de décision sont limitées à celles qui correspondent aux modifications pontales. Si l'approche optimisation est utilisée, la topologie du réseau peut aussi être identifiée directement à l'étape 5. À l'étape 7, la solution finale est sélectionnée selon les critères de rentabilité et opérabilité, tels que flexibilité, contrôlabilité, fiabilité, sécurité, et facilité pour le démarrage et arrêt de la production.

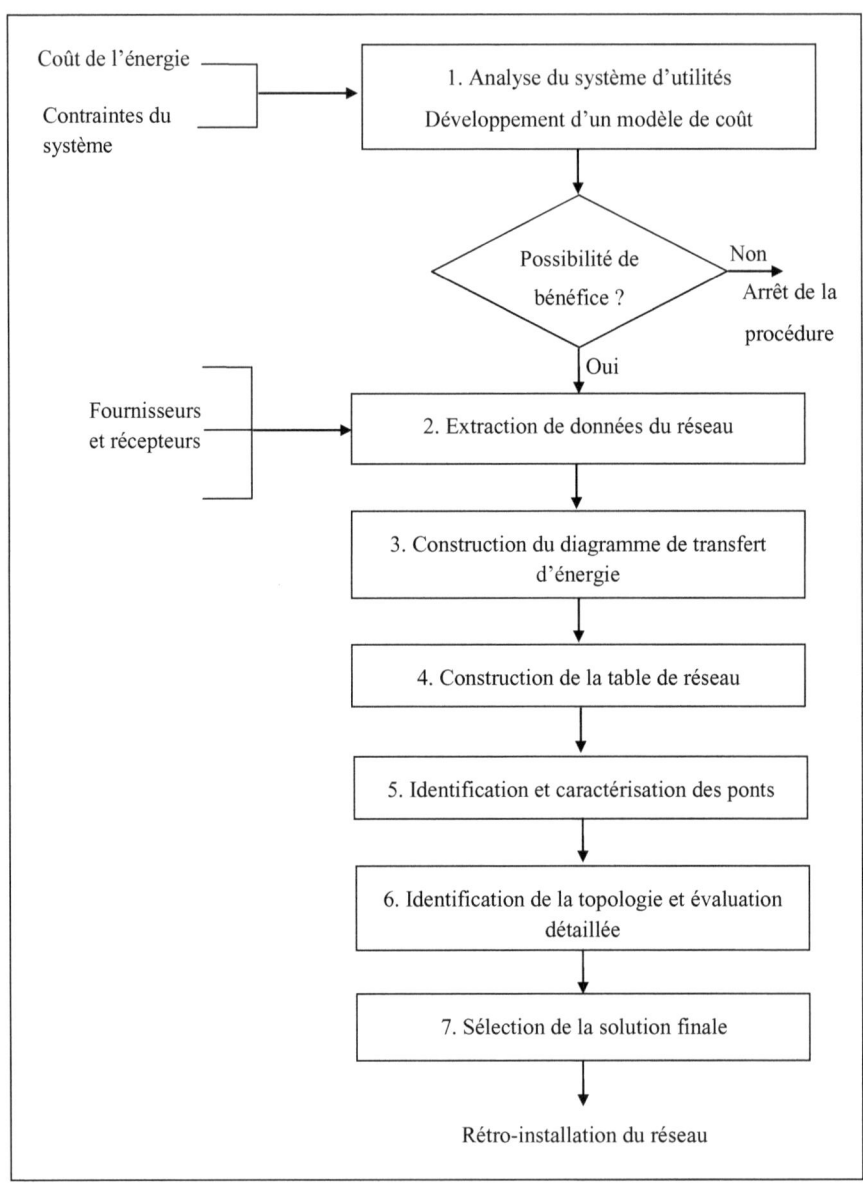

Figure 4-15 Procédure de la méthode pontale

4.2.10 Résumé

Les modifications fondamentales permettant de réduire consommation d'énergie ont été rendues explicites. Seulement un pont peut mener à une réduction de la consommation de chaleur. Ce retour à une description fondamentale permet d'énumérer toutes les possibilités de réduction du débit de chaleur entre les utilités chaudes et l'environnement. La méthode pontale a été développée pour l'intégration énergétique par rétro-installation et inclut les outils suivants :

o La définition stricte des ensembles de modifications nécessaires pour économiser l'énergie; ces ensembles sont nommés « ponts ».

o Une méthode pour énumérer les ponts.

o Une table de réseau afin de les évaluer facilement.

o Un diagramme de transfert d'énergie afin de visualiser les ponts.

o Des règles claires et explicites pour l'extraction de données, qui rendent possible l'analyse des réseaux incluant des échanges à contact direct et indirect.

o Une procédure globale pour la rétro-installation des réseaux d'échangeurs de chaleur.

CHAPITRE 5 DISCUSSION GÉNÉRALE

L'analyse des modifications réduisant le débit de chaleur dégradée entre les utilités chaudes et l'environnement à travers les opérations de procédé et les échangeurs de chaleur existants a servi de base à une méthode d'intégration énergétique par rétro-installation. Le fait d'avoir rendu explicite le processus fondamental pour réduire la consommation d'énergie a permis le développement de la méthode pontale, qui présente l'avantage d'énumérer les modifications conduisant à des économies d'énergie. Cette partie présente la réduction de l'espace de recherche qui en résulte et une comparaison des forces et faiblesse de la méthode pontale.

5.1 Méthode d'énumération des ponts

Trois filtres qui réduisent le nombre d'opérations sont proposés pour l'énumération les ponts. Ils ont été décrits dans le chapitre 2. Le premier consiste à sélectionner l'ensemble des couples potentiels. Les couples qui ne peuvent pas être inclus dans un pont premier pertinent sont exclus. Les ponts premiers sont simplement listés. Un pont premier est considéré comme pertinent si sa capacité d'économie est significative et son coût d'investissement non prohibitif. L'ensemble des couples potentiels est obtenu par l'union des ponts premiers pertinents et forme par conséquent la structure pontale incluant le plus grand nombre de couples. Le second filtre consiste à identifier les ponts composites en ajoutant des couples à un pont de sorte que le résultat respecte les conditions pontales. Cette façon de construire de nouveaux ponts est plus efficace que celle que nous avions d'abord suivie et qui consistait à combiner des ponts premiers. Le troisième filtre consiste á exclure les ponts inutiles de l'énumération en ajoutant un nombre minimal de couples à des ponts utiles; l'ajout d'un nombre minimal de couples signifie que l'enlèvement d'un de ces couples a pour effet que l'ensemble ne respecte plus les conditions pontales; le pont

130

qui résulte de l'ajout de couples est considéré comme utile si sa capacité d'économie augmente strictement.

Les effets du premier filtre sont ici évalués. Le nombre de combinaisons possibles de m couples parmi un ensemble incluant A couples, N_m^A, suit la relation suivante:

$$N_m^A = \frac{A!}{(A-m)! * m!} \qquad \text{Équation 9}$$

Le nombre de nouveaux couples possibles au départ A est égal au nombre de fournisseurs multiplié par le nombre de récepteurs dans le réseau initial moins le nombre d'échangeurs existants. Le premier filtre réduit le nombre de couples A et donc le nombre de combinaisons possibles. Le Tableau 5.1 montre l'efficacité du premier filtre pour les trois exemples de l'article 'Bridge Analysis to reduce the heat consumption by HEN retrofit : Part2, Applications'. N_C désigne le nombre de refroidisseurs, N_E le nombre d'échangeurs internes, N_H le nombre de réchauffeurs, N_{HU} le nombre d'utilités chaudes, N_{CU} le nombre d'utilités froides.

Tableau 5.1 Effet du premier filtre seul

Exemple	N_C	N_E	N_H	N_{HU}	N_{CU}	m	Sans premier filtre		Avec premier filtre	
							A	N_m^A	A	N_m^A
1	1	2	1	1	1	1	11	11	6	6
						2		55		15
						3		165		20
						4		330		15
2	2	4	1	1	1	1	34	34	11	11
						2		561		55
						3		5 984		165
						4		46 376		330
3	1	9	5	1	1	1	149	149	15	15
						2		11 026		105
						3		540 274		455
						4		19 720 001		1365
						5		571 880 029		3003

Le tableau 5.2 montre l'efficacité du second filtre seul. Le nombre de combinaisons de couples est comparé au nombre de structures pontales impliquant m couples B_m pour différents réseaux initiaux.

Tableau 5.2 Effet du second filtre seul

N_C	N_E	N_H	N_{HU}	N_{CU}	A	m	N_m^A	$\square_\square$
1	2	1	1	1	11	3	165	4
2	2	2	1	1	18	3	816	52
2	3	2	1	1	28	3	3,276	88
2	4	2	1	1	40	4	91,390	701
3	5	3	1	1	69	4	864,501	6,606
5	15	5	1	1	415	6	6.8 E+12	8.7 E+06

Les effets combinés des premier et second filtres sont présentées dans le Table 5.3. Les exemples viennent de l'article référencé plus haut. Le nombre de combinaisons possibles N_m^A de m couples parmi un ensemble incluant A couples est beaucoup plus élevé que le nombre de structures pontales possibles B_m.

Tableau 5.3 Effet combiné des deux premiers filtres sur l'espace de recherche

Exemple	A	m	N_m^A	B_m
1	11	1	11	1
		2	55	2
		3	165	3
		4	330	4
2	34	1	34	0
		2	561	2
		3	5 984	6
		4	46 376	12
3	149	1	149	0
		2	11 026	2
		3	540 274	9
		4	19 720 001	20
		5	571 880 029	40

Le troisième filtre est surtout efficace pour les réseaux de grande taille. Il permet d'éviter l'énumération de ponts inutiles; un pont est considéré comme inutile si au moins un de ses sous-ensembles mène à une économie d'énergie identique. Rappelons que la capacité d'économie d'énergie ne diminue jamais par un ajout de couples à un pont. Cependant la capacité d'économie d'énergie augmente puis diminue au fur et à mesure que le nombre de couples augmente dans les ponts premiers car le transfert de chaleur au travers de ceux-ci est limité par la plus petite capacité d'échange des couples. Par définition un pont premier ne peut pas être décomposé en sous-ensembles respectant les conditions pontales.

5.2 Analyse des forces et faiblesses de la méthode pontale

La méthode pontale inclut les outils suivants:

o Le principe du pont, qui est un ensemble fondamental de couples fournisseur-récepteur permettant de réduire la consommation d'énergie

o Une méthode pour énumérer les ponts

o Un diagramme de transfert de chaleur pour visualiser les ponts

o Une table de réseau pour leur évaluation facile

o Une procédure pour la rétro-installation de réseau d'échangeurs de chaleur

o Une approche pour l'analyse énergétique globale du site industriel, incluant le système d'utilités, les opérations de procédé et le réseau d'échangeurs

o Une formulation pour identifier la topologie finale du réseau.

Le principe du pont comme ensemble de couples nécessaire pour réduire la consommation d'énergie est simple et important. Le fait de l'avoir rendu explicite offre des avantages majeurs. Les autres outils sont le résultat de développements ultérieurs basés sur ce principe. Celui-ci peut être utilisé dans des approches basées sur l'analyse (insight-based approaches) ou l'optimisation numérique. Ces dernières sont actuellement peu efficaces. La résolution d'un simple problème nécessite plusieurs heures de calcul, et cela sans même garantie d'optimalité [45]. L'utilisation du principe du pont réduit fortement l'espace de recherche. Les variables de décision sont limitées à celles impliquées dans les modifications pontales. Le principe du pont peut bien sûr être utilisé pour les échanges à contact indirect et les transferts directs de chaleur, mais il peut aussi inclure des modifications d'opération de procédé, et être généralisé pour la réduction de la consommation d'eau et d'autres ressources. Il est important de distinguer un pont d'un chemin (heater-cooler path); un chemin n'est pas nécessaire pour réduire la consommation d'énergie.

Les trois filtres proposés pour énumérer les ponts réduisent efficacement l'espace de recherche de solutions conduisant à des économies d'énergie.

Le diagramme de transfert d'énergie représente l'effet des deux principes de la thermodynamique dans les systèmes industriels. La chaleur est soit dégradée des utilités chaudes vers l'environnement en passant au travers des opérations de procédé et échanges de chaleur, soit stockée en énergie chimique ou électrique. Le diagramme est un outil puissant pour l'analyse énergétique d'un site industriel.

La table de réseau a été développée dans le cadre de la recherche d'une méthode efficace pour énumérer les ponts. Les trois filtres qui facilitent leur énumération ont tous été conçus avec l'aide de la table. Par la suite l'utilisation de la table s'est révélée aussi pratique pour visualiser les contraintes de connexion, évaluer la capacité de réduction de la consommation d'énergie correspondant à un pont, estimer la surface d'échange et identifier la topologie finale du réseau. Sa bi-dimensionnalité convient naturellement à la représentation des échanges entre les sources et les demandes, ainsi que des couples fournisseur-récepteur.

Les aspects positifs principaux de l'approche pontale sont les suivants :
  o Regard nouveau sur l'analyse énergétique
  o Extraction de données explicite
  o Espace de recherche de solutions réduit
  o Intégration énergétique impliquant l'ensemble du site industriel, incluant le système d'utilités, les opérations de procédé et les échanges à contact direct et indirect.

L'énergie est conservée et dégradée progressivement vers l'environnement au travers des opérations de procédé et échangeurs. Réduire la consommation d'énergie nécessite de réduire le débit d'énergie transféré des utilités vers l'environnement; ceci implique un pont.

Le mécanisme fondamental de réduction de consommation d'énergie est explicité dans l'approche pontale, ce qui permet tout simplement d'énumérer les modifications possibles.

L'extraction de données dans l'approche pontale inclut trois parties : l'identification et la caractérisation des sources et demandes; l'identification et la caractérisation des fournisseurs et récepteurs; la définition des contraintes spécifiques à chaque connexion. L'extraction claire, simple et explicite a des conséquences positives sur le langage, la définition du problème et donc sa résolution. La possibilité de définir les contraintes spécifiques à chaque connexion rend facile l'utilisation de la méthode pontale pour analyser les réseaux incluant des échanges à contact direct et indirect. L'extraction de données pour ces deux types d'échange est simple et conforme au bon sens. Il en est différemment dans l'analyse de pincement. Un projet de réutilisation d'eau pour satisfaire une demande en eau chaude qui permettrait de réduire la consommation de chaleur a pour effet de modifier la définition du problème car la réutilisation d'eau modifie les courbes composites. Á chaque groupe de projets de réutilisation d'eau correspondent un nouvel ensemble de données et de nouvelles courbes composites. Dans l'analyse pontale, un projet de réutilisation d'eau correspond à un échange à contact direct, et le problème défini au départ est inchangé.

L'analyse de pincement pour la rétro-installation de réseau d'échangeurs fournit deux informations principales : une cible de réduction de consommation d'énergie et une température de pincement au travers de laquelle les échanges devraient être supprimés. Voici quelques différences entre l'analyse de pincement et la méthode pontale :

- L'analyse de pincement n'explique pas la présence d'une zone excédentaire et une zone déficitaire en énergie dans un réseau. L'analyse pontale fournit cette explication.

- La cible de réduction de la consommation d'énergie évaluée par l'analyse de pincement ne peut pas être atteinte en pratique dans la plupart des cas car les contraintes de connexion, importantes en rétro-installation, ne sont pas considérées. Les contraintes de connexion sont explicites dans la méthode pontale.

- L'analyse de pincement ne donne aucune information sur l'ensemble des modifications nécessaires pour rééquilibrer le réseau après la suppression des échanges traversant la température de pincement. La méthode pontale décrit l'ensemble des modifications nécessaires pour réduire la consommation d'énergie.

- Il est possible de réduire la consommation d'énergie en ne supprimant aucun échange traversant le pincement ou bien en supprimant des échanges traversant une température autre que celle du pincement Seulement un pont peut réduire la consommation d'énergie.

- L'analyse de pincement ne permet pas de traiter ensemble les échanges à contact direct et indirect, qui sont communs dans l'industrie papetière, et requiert une approche séquentielle inélégante. La méthode pontale analyse les deux types d'échange ensemble.

Une faiblesse de l'approche pontale pourrait être l'autre face d'un de ses aspects positifs. Comme seulement les ensembles de couples nécessaires pour réduire la consommation d'énergie sont identifiés, l'espace de recherche est fortement réduit, mais il y a aussi un risque de ne pas identifier certains réarrangements de réseau intéressants. En d'autres mots, la réduction de l'espace de recherche résultant de l'utilisation seule du principe pontal pourrait limiter l'identification de réallocation d'échangeurs conduisant à une réduction du coût d'investissement dans le réseau. Des règles doivent encore être établies afin de réduire ce risque.

CHAPITRE 6 CONCLUSIONS

Un procédé industriel, comme la Vie, est une « structure dissipative » selon la définition proposée par Ilya Prigogine : il capte l'énergie et la rejette dégradée dans son environnement; cette dégradation d'énergie rend possible la production au travers du procédé. L'intégration se retrouve dans la Nature; elle permet de réduire l'augmentation de l'entropie, les pertes de ressources. Toute réduction de consommation d'énergie implique de réduire le débit d'énergie rejetée par un système vers son environnement, où la dégradation est maximale.

6.1 Contributions à l'ensemble des connaissances

Une méthode systématique et pratique d'intégration énergétique basée sur les deux premiers principes de la thermodynamique a été développée pour la rétro-installation des usines. Cette méthode comble les lacunes identifiées à la suite de la revue de la littérature, lacunes qui ont mené à cette voie de recherche.

La méthode est basée sur l'identification des modifications qui réduisent le débit de chaleur dégradée entre les utilités chaudes et l'environnement au travers des échangeurs de chaleurs existants et opérations de procédé. Elle a dans un premier temps été conçue pour la rétro-installation des réseaux d'échangeurs de chaleur à contact indirect. Elle a ensuite été étendue aux échanges à contact direct, qui sont importants dans les usines papetières. Finalement le diagramme de transfert d'énergie a été développé afin de visualiser les principes de conservation et dégradation de l'énergie dans l'industrie; il offre un regard nouveau et facilite l'intégration énergétique du réseau d'échangeurs de chaleur, des opérations de procédé et du système d'utilités par synthèse ou rétro-installation. La méthode a été appliquée et validée avec des études de cas, incluant le procédé de pâte kraft et un procédé de bioraffinage.

La méthode pontale inclut les outils suivants :

- La description du processus fondamental permettant de réduire la consommation d'énergie, qui est rendu explicite et implique un « pont ».

- Une table de réseau pour l'identification et l'évaluation faciles des ponts

- Une procédure efficace pour énumérer les ponts

- Un diagramme de transfert d'énergie pour visualiser l'ensemble des possibilités d'intégration d'un procédé industriel par synthèse ou rétro-installation

- Une procédure générale pour la rétro-installation des réseaux d'échangeurs de chaleur

6.2 Recommandations pour travaux futurs

- L'algorithme d'identification et évaluation des ponts peut être inclus dans un logiciel. L'approche d'optimisation numérique peut être utilisée pour identifier la topologie du réseau d'échangeurs de chaleur résultant de modifications pontales.

- La méthode pontale peut être appliquée et testée pour l'intégration de systèmes traversés par plusieurs formes d'énergie. La dérivée de l'exergie par rapport à l'enthalpie peut remplacer la température afin de représenter la qualité de l'énergie en général. Ceci permettrait par exemple d'analyser la production d'électricité dans une turbine et son intégration dans un site industriel.

- Le principe pontal peut être utilisé pour améliorer d'autres approches d'intégration énergétique basées sur l'analyse de procédé ou sur l'optimisation. Les principes de la méthode pontale peuvent être adaptés pour l'intégration massique. Ils pourraient être étendus afin d'analyser d'autres systèmes traversés par des flux respectant les principes de conservation et dégradation.

BIBLIOGRAPHIE

[1]   T. Umeda, J. Itoh and K. Shiroko, Heat Exchnage System Synthesis, Chemical Engineering Progress, 70-76 (1978)

[2]   J.R. Flower and B. Linnhof, A Thermodynamic-Combinatorial Approach to the Design of optimum Heat Exchnager Networks, AIChE Journal, 26(1): 1-9 (1980)

[3]   J.R. Flower and B. Linnhof, Thermodynamic Analysis in the Design of Process Networks, Computers & Chemical Enginnering, 3: 283-291 (1979)

[4]   D. Boland and B. Linnhof, The Preliminary Design of Networks for Heat Exchange by Systematic Methods, The Chemical Engineer, p9-15 (1979)

[5]   B. Linnhof and J.A. Turner, Simple Concepts in Process Synthesis Give Energy Savings and Elegant Designs, The Chemical Engineer, p621-633 (1980)

[6]   B. Linnhof and J.A. Turner, Heat-Recovery networks: new insights yield big saving, Chemical Engineering, p56-70 (1981)

[7]   B. Linnhof and E. Hindmarsh, The Pinch Design Method for Heat Exchanger Networks, *Understanding Process Integration*, Lancaster (1982)

[8]   B. Linnhof, D.R. Mason and I. Wardle, Understanding heat exchanger networks, Computers and Chemical Engineering, 3(1-4): p. 295-302 (1979)

[9]   J.E. Hendry, D.F. Rudd and J.D. Saeder, Synthesis in the design of Chemical Processes, AIChE Journal, 19: p1-15 (1973)

[10]   Marechal, F., Kalitventzeff, B., Energy integration of industrial sites: tools, methodology and application, Applied Thermal Engineering 18, 921-933 (1998)

[11]   Klemes, J., Friedler, F., Bulatov, I., Varbanov, P., Sustainability in the Process Industries: Integration and Optimization, McGraw-Hill, New York (2011)

[12]   Tjoe, T.N., Linnhof, B., Using pinch technology for process retrofit, Chemical Engineering 93, 47-60 (1986)

[13]   Linnhof, B., Ahmad, S., "Cost optimum heat exchanger networks, Part 1: minimum energy and capital using simple models for capital costs", Computers & Chemical Engineering 14 (1990) 729-750.

[14]   Linnhof March, Introduction to Pinch Technology, Linnhof March, UL (1998).

[15]   Kemp, I.C., Pinch Analysis and Process Integration: A User's Guide to Process Integration for the Efficient Use of Energy, Butterworth-Heinemann Oxford (2007).

[16]   Linnhof, B., Hindmarsh, E., "The pinch design method for heat exchanger networks", Chemical Engineering Science (1983) 745-763.

[17]   B Linnhof and T.N. Tjoe, Pinch technology retrofit: Setting targets for existing plant, AIChE National Meeting, Houston, TX (1985)

[18]   B. Linnhof, Pinch Analysis - A State-Of-The-Art Overview, Chemical Engineering Research and Design, 71(A5), p503-522 (1993)

[19]   Townsend, D.W., Linnhof, B., "Surface area targets for heat exchanger networks", Proc. of the IChemE Annual Research Meeting, Bath, April 1984.

[20]   A. Carlsson, Optimum Design of Heat Exchnager Networks in Retrofit Situations, PhD thesis, Chalmers, Univerity of Technology, Gothenburg (1996)

[21]   Carlsson, A., Franck, P., Berntsson, T., Design better heat exchanger network retrofits, Chemical Engineering Progress 89, 87-96 (1993).

[22]   X.X. Zhu and X.R. Nie, Pressure drop considerations for heat exchanger network grassrrots design, Computers & Chemical Engineering, 26 (12): p1661-1676 (2002)

[23]   G.T. Polley and D. Green, Perry's chemical enginners'handbook 7th edition, The McGraw-Hill Companies, Inc (1997)

[24]   G.T. Polley and M.H. Panjeh Shahi, and F.O. Jegede, Pressure-Drop Considerations in the Retrofit of Heat-Exchnager Networks, Chemical Engineering Research and Design, 78(A2): p161-167 (2000)

[25]   F.O. Jegede and G.T. Polley, Optimum heat exchanger design, Chemical Engineering Research & Design, 70(2): p.133-141 (1992)

[26]   G.T. Polley, Selecting stream splits in heat-exchnager network design, Heat Recovery Systems and CHP, 15(1): p.85-94 (1995)

[27]   S.G. Hall, A. Ahmad and R. Smith, Capital cost Targets for Heat-Exchanger Networks Comprising Miced Materials of Construction, Pressure Ratings and Exchanger Types, Computers and Chemical Engineering, 14(3): p. 319-335 (1990)

[28]   van Reisen, J.L.B., Grievink, J., Polley, G.T., Verheijen, P.J.T., The placement of two-stream and multi-stream heat exchangers in an existing network through path analysis, Comput. Chem. Engineering 19, S143-S148 (1995)

[29]   van Reisen, J.L.B., Polley, G.T., Verheijen, P.J.T., Structural targeting for heat integration retrofit, Applied Thermal Engineering, 18(5): p. 283-294 (1998).

[30] Asante, N.D.K., Zhu, X.X., An automated and interactive approach for heat exchanger network retrofit, Transactions, Institute of Chemical Engineers 75, 349–360 (1997)

[31] Osman, A., Mutalib, M.I.A., Shuhaimi, M., Amminudin, K.A., Path combinations for HEN retrofit, Applied Thermal Engineering 29, 3103-3109 (2009).

[32] Zhu, X.X., Asante, N.D.K., Diagnosis and optimization approach for heat exchanger network retrofit, AIChE J. 45, 1488-1503 (1999).

[33] Varbanov, P.S., Klemes, J., Rules for path construction for HEN debottlenecking, Applied Thermal Engineering 20, 1409-1420 (2000).

[34] Bakhtiari, B., Bedard, S., Retrofitting heat exchanger networks using a modified network pinch approach, Applied Thermal Emgineering, 51 (2013) 973-979

[35] Ciric, A.R., Floudas, C.A., A retrofit approach for heat exchanger networks, Computers and Chemical Engineering 13, 703-715 (1989).

[36] Ciric, A.R., Floudas, C.A., A mixed integer nonlinear programming model for retrofitting heat exchanger networks, Ind. Eng. Chem. Res. 29, 239-251 (1990).

[37] Yee, T.F., Grossmann, I.E., A screening optimization approach for the retrofit of heat exchanger networks, Ind. Eng. Chem. Res. 30, 146-162 (1991).

[38] M.M. Daichendt and Grossmann, A Preliminary Screening Procedure for MINLP Heat-Exchanger Network Synthesis Using Aggregated Models, Chemical Engineering Research and Design, 72(A5): p. 708-709 (1994)

[39] M.M. Daichendt and Grossmann, Preliminary Screening Procedure for the MINLP Synthesis of process systems - II. Heat exchanger networks, Using Aggregated Models, Computers & Chemical Engineering, 18(8): p. 679-709 (1994)

[40]   Furman, K.C., Sahinidis, N.V., Computational complexity of heat exchanger
        network synthesis, Comp. Chem. Eng. 25, 1371–1390 (2001).

[41]   Athier, G., Floquet, P., Pibouleau, L., Domenech, S. (1998). A mixed method
        for retrofitting heat exchanger networks, Comp. Chem. Eng. 22, 505-511
        (1998).

[42]   Bochenek, R., Jezowski, J.M., Genetic algorithm approach for retrofitting heat
        exchanger network with standard heat exchangers. In 16th European
        Symposium on Computer-Aided Process Engineering and 9th International
        Symposium on Process Systems

[43]   Jezowski, J.M., Bochenek, R., Poplewski, G. (2007). On application of
        stochastic optimization techniques to designing heat exchanger and water
        networks, Chem. Eng. Proc., article in press.

[44]   Rezaei, E., Shafiei, S., Heat exchanger network retrofit by coupling genetic
        algorithm with NLP and ILP methods, Computers and Chemical Engineering
        33, 1451-1459 (2009).

[45]   Barbaro, A., Bagajewicz, M. J., New rigorous one-step MILP formulation for
        heat exchanger network synthesis, Computers and Chemical Engineering 29
        (2005) 1945–1976.

[46]   Barbaro, A., Nguyen, D., Viparunat, N., Bagajewicz, M. J., All-at-one and
        step-wise detailed retrofit of heat exchanger networks using an MILP model

[47]   J. Calloway, H. Cripps and T. Retsina, Pinch technology in practical kraft mill
        optimization, Engineering Conference, TAPPI Press, Seattle, USA (1990)

[48]   H. Cripps, R. Capell, A. Melton and T. Retsina: Pinch Integration Achieves
        Minimum Energy Evaporation Capacity, Tappi Engineering Conference,
        Atlanta, USA, (1996)

[49]   G. Noel, G. Boisvert, Project design in energy efficiency using Pinch analysis shows its use at an Abitibi-Consolidated mill in Beaupre, Quebec, Pulp and paper Canada, 99(12) 103-105 (1998)

[50]   J. Stromberg, N. Berglin, T. Berntsson, Using process integration to approach the minimum impact pulp mill, TAPPI Environmental Conference and Exhibit, TAPPI Press (1997)

[51]   "Energy efficient water utilization systems in process plants", Bagajewicz, M., Rodera, H., Savelski, M., Comput. Chem. Eng., 26 (2002), 59-79

[52]   E. Axelsson and T. Berntsson, Pinch analyses of a model mill: Economic and environmental gains from thermal process-integration in a state-of-the-art magazine paper mill, Nord. Pulp Paper Res. J. (20)3, 308-315, (2005)

[53]   C. Bengtsson, Novel Process Integration Opportunities in Existing Kraft Pulp Mills with Low Water Consumption, PhD thesis, Department of Heat and Power Technology, Chalmers, Univerity of Technology, Gothenburg (2004)

[54]   B. Rydberg, J. Collins, P. Nakanishi and A. Ahlen, Results of energy reduction program at Marathon Pulp, 89th Annual meeting, Montreal, QC, Canada, session 1B-2, 4pp, (2003)

[55]   M. Towers, Energy reduction at a kraft mill: Examining the effects of process integration, benchmarking, and water reduction, Tappi, 4(3), 15-21 (2005)

[56]   P Persson, J. and Berntsson, T. (2010), Influence of short-term variations on energy-savings opportunities in a pulp mill, Journal of Cleaner Production 18, 935–943.

[57]   "Direct and Indirect Heat Transfer in Water Network System", Savulescu, L., Sorin, M., Smith, R., Applied Thermal Engineering 22 (2002), 981-988

[58]   "The potential for energy savings when reducing the water consumption in a
         kraft pulp mill", Wising, U., Berntsson, T., Stuart, P.R., Appl. Therm. Eng., 25
         (2005) 1057-1066

[59]   U. Wising, Process Integration in Model Kraft Pulp Mills: Technical,
         Economic and Environmental Implications, PhD thesis, Department of
         Chemical Engineering and Environmental Science, Chalmers, Univerity of
         Technology, Gothenburg (2005)

[60]   E. Wallin, Process Integration of Industrial Heat Pumps in Grass-root and
         Retrofit Situations, PhD thesis, Chalmers, Univerity of Technology,
         Gothenburg (1996)

[61]   IEA, Industrial heat pumps: Experiences, potential and global environmental
         benefits, IEA Report No. HPP-AN21-1 (ISBN 90-73741-14-9)

[62]   Nordman, R., Berntsson, T., Design of Kraft pulp mill hot water system—A
         new method that maximizes excess heat, Applied Thermal Engineering 26, 363
         (2006).

[63]   Roadmap to minimum energy and water use for integrated newsprint mills,
         Lafourcade, S., Fairbank, M.; Stuart, P., Annual Meeting of the Pulp and
         Paper Technical Association of Canada (PAPTAC), v A, p A63-A69, 2006,
         PAPTAC 92nd Annual Meeting Preprints 2006.

[64]   Thermal pinch analysis with process streams mixing at a TMP-newsprint mill,
         Lafourcade, S., Labidi, J., Koteles, R., Gélinas, C., Stuart, P., Pulp and Paper
         Canada, v 104, n 12, p 74-77, December 2003

[65]   "A process integration-based decision support system for the identification of
         water and energy efficiency improvements in the pulp and paper industry",
         Alva-Argaez, A., Savulescu, L., Poulin, B., Paptac 93rd Annual meeting 2007

[66]   "Water and Energy savings at a Kraft Paperboard Mill Using Process
         Integration", Savulescu, L., Poulin, B., Hamache, A., Bedard, S., Gennaoui, S.,
         Pulp and Paper Canada, 106: 9 (2005) 29-31

[67]   "Direct heat transfer considerations for improving energy efficiency in pulp
         and paper Kraft mills", Savulescu, L.E., and Alva-Argaez, A., Energy, 33:
         1562-1571 (2008)

[68]   "Base case process development for energy efficiency improvement,
         application to a Kraft pulp mill, Part I: definition and characterization",
         Mateos-Espejel, E., Savulescu, L., Paris, J., Chem. Eng. Res. Des. 89 (2011)
         729-741

[69]   "Base case process development for energy efficiency improvement,
         application to a Kraft pulp mill, Part II: benchmarking analysis", Mateos-
         Espejel, E., Savulescu, L., Paris, J., Chem. Eng. Res. Des. 89 (2011) 742-752

[70]   M. Sorin and J. Paris, Integrated exergy load sistribution method and pinch
         analysis, Computers & Chemical Engineering, 23(4-5): p. 497-507 (1999)

[71]   F. Stain and D. Favrat, Energy integration of industrial processes based on the
         pinch analysis method extended to include exergy factors, Applied Thermal
         Engineering, 16(6): p. 497-507

[72]   "Energy and Water Pinch study at Parenco Paper mill", Schaareman, M.,
         Verstraeten, E., Blaak, R., Hoolmeijer, A., Chester, I., Paper Technology
         (2000)

[73]   Mateos-Espejel E., Savulescu L., Marechal F., Paris J., Unified methodology
         for thermal energy efficiency improvement: application to Kraft process,
         Chemical Engineering Science 66, 135-151, 2011.

[74]   "Improving energy recovery for water minimization", Leewongtanawit, B.,
         Kim, J., Energy, 34, (2009), 880-893

[75]   "Studies on simultaneous energy and water minimization, part II: systems with maximum re-use", Savulescu, L., Kim, J., Smith, R., Chem. Eng. Sci., 60 (2005), 3291-3308

[76]   El Halwagi, M.M., Solve design puzzles with mass integration, Chemical engineering progress, 1998, v: 94, no 8: 25-44

[77]   D.C.Y. Foo, Z.A. Manan, Y.L. Tan, Use cascade analysis to optimize water networks, Chem. Eng. Prog. 102(7): 45-52 (2006)

[78]   D.C.Y. Foo, Water Cascade analysis for single and multiple impure fresh water feed, Trans. IChemE (Part A) 85 (A8) 1169-1177 (2007)

[79]   D.C.Y. Foo, Flowrate targeting for threshold problems and plant-wide integration for water network synthesis, J. Environ. Manage., 88(2) 253-274 (2008)

[80]   D.K.S. Ng, D.C.Y. Foo, Y.L. Tan, R.R. Tan, Ultimate flowrate targeting with regeneration placement, Trans. IChemE (Part A) 1253-1267 (2007)

[81]   Savulescu, L., Simultaneous energy and water minimization, *Ph.D. Thesis*, UMIST, Manchester, 1999.

[82]   "Wastewater minimization", Wang, Y.P., and Smith, R., Chem. Eng., Sci. 49 (7): 981-1006 (1994)

[83]   "Pollution prevention through process integration Systematic tools", El-Halwagi, M.M., 1st ed., San Diego, California: Academic Press (1997)

[84]   El Halwagi, M. M., A.A. Hamad, and G.W. Garrison, Synthesis of waste Interception and Allocation Networks, AIChE J., 42 (11), pp 3087-3101 (1996)

[85] "Studies on simultaneous energy and water minimization, part I: systems with no water re-use", Savulescu, L., Kim, J., Smith, R., Chem. Eng. Sci., 60 (2005), 3279-3290

[86] Savulescu, L., Simultaneous energy and water minimization, *Ph.D. Thesis*, UMIST, Manchester, 1999.

[87] Nordman, R., Berntsson, T., Use of advanced composite curves for assessing cost-effective HEN retrofit: I: Theory and concepts, Applied Thermal Engineering 29, 275-291 (2009).

[88] Lakshmanan, R., and R. Banares-Alcantara, A novel visualization tool for heat exchanger network retrofit. Industrial & Engineering Chemistry Research, 1996. 35: p 4507-4522

[89] Lakshmanan, R., and R. Banares-Alcantara, Retrofit by inspection using thermodynamic process visualization. Computers & Chemical Engineering, 1998. 22: S809-S812

[90] T.J. Kotas, Exergy method of thermal and chemical plant analysis, Chem. Eng. Res. Des., 64: p.212-229 (1986)

[91] Piacentino, A., "Thermal analysis and new insights to support decision making in retrofit and relaxation of heat exchanger networks", Applied Thermal Engineering, 31 (2011) 3479-3499.

[92] Linnhoh, B., Townsend, D.W., Boland, D., A User Guide to Process Integration for the Efficient Use of Energy, 1st ed., Institute of Chemical Engineers (1982).

[93] Axelsson, E., Olsson, M.R., Berntsson, T., Heat integration opportunities in average Scandinavian Kraft pulp mills: Pinch analyses of model mills, Nordic Pulp and Paper Research Journal, 21(4), 466-475 (2006).

[94]   J. Alghehed, Energy Efficient Evaporation in Future Kraft Pulp Mills, PhD thesis, Department of Heat and Power Technology, Chalmers, Univerity of Technology, Gothenburg (2002)

[95]   E. Axelsson, M.R. Olsson and T. Berntsson: Increased capacity in kraft pulp mills: Lignin separation combined with reduced steam demand compared with recovery boiler upgrade, Nord. Pulp Paper Res. J. (21)4, 485-492, (2006)

[96]   M.R. Olsson, E. Axelsson and T. Berntsson, Exporting lignin or power from heat integrated kraft pulp mills: A techno-economic comparison using model mills, Nord. Pulp Paper Res. J. (21)4, 476-484, (2006)

[97]   Ruhonen, P., Ahtila, P., "Analysis of a mechanical pulp and paper mill using advanced composite curves", Applied Thermal Engineering 30 (2010) 649-657.

[98]   C. Bengtsson, R. Nordman and T. Berntsson, utilization of excess heat in the pulp and paper industry - a case study of technical and economic opportunities, Applied Thermal Engineering, 22(9): 1069-1081 (2002)

[99]   R. Nordman, New process integration methods for heat-saving retrofit in industrial systems, PhD thesis, Department of Heat and Power Technology, Chalmers, Univerity of Technology, Gothenburg (2005)

[100]   T. Gundersen and I.E. Grossmann, Improved Optimization Strategies for automated heat exchanger network synthesis through physical insights, Computers & Chemical Engineering, 14(9): p925-944 (1990)

[101]   T.B. Challand, R.W. Colbert and C.K. Venkatesh, Computerized Heat Exchnager Networks, Chemical Engineering Progress, p. 65-71 (1981)

[102]   R.W. Colbert, Industrial Heat Exchanger Networks, Chemical Engineering Progress, p. 47-54 (1982)

[103]   K.K. Trivedi, Systematic energy relaxation in MER heat exchanger networks, Computers and Chemical Engineering, 14(6): p601-611 (1990)

[104]   K.K. Trivedi, A new dual-temperature design method for the synthesis of heat exchanger networks, Computers and Chemical Engineering, 13(6): p667-685 (1989)

[105]   Nordman, R., Berntsson, T., Use of advanced composite curves for assessing cost-effective HEN retrofit: II: Case Sudies, Applied Thermal Engineering 29, 292-291 (2009).

[106]   Serth, R.W., Process Heat Transfer - Principles and applications, Academic Press -Imprint of Elesvier, Oxford (2007).

[107]   Smith, R., Chemical Process—Design and Integration, McGraw-Hill, New York (2005).

[108]   Smith, R., Jobson, M., Chen, L., Recent development in the retrofit of heat exchanger networks, Applied Thermal Engineering, 30, 2281-2289 (2010).

[109]   J. Cerda, Minimum utility usage in heat exchanger network synthesis: A transportation problem, Chemical Engineering Science, 38(3): p. 373-387 (1983)

[110]   J. Cerda, and W. Westerburg, Synthesizing heat exchanger networks having restricted stream/stream matches using transportation problem formulations, Chemical Engineering Science, 38(3): p. 1723-1740 (1983)

[111]   Pettersson, F., Synthesis of large-scale heat exchanger networks using a sequential match reduction approach, Computers & Chemical Engineering, Volume 29, Issue 5, 15 April 2005, Pages 993–1007

ANNEXE

Formulation mathématique permettant d'identifier la topologie du réseau d'échangeurs de chaleur résultant de modifications pontales

Formulation for the design of HEN resulting from bridge modifications

Principle: a transportation formulation has been adapted for the design of HEN resulting from bridge modifications. This model permits split streams and non-isothermal mixing. Variables that do not participate to the corresponding bridge cannot be modified, and consequently the search space is strongly reduced in this MILP problem.

All the continuous variables correspond to cells of network table 2. The heat exchange area is expressed as a linear combination of heat transfer flows. To satisfy the energy balance the sum of heat flows in any row and column is fixed. Binary variables have been added to express constraints for the design. In terms of transportation formulation an exchanger unit must have the same split fraction in each element participating in the heat transfer for a certain match. Only the first and the last element in a sequence of active elements may have lower values to indicate that the heat transfer does not necessarily begin or end exactly at the boundaries of the intervals. These constraints are expressed in equations (5) and (8). These constraints come from (Pettersson, 2005). Constraints (10) are new and have been added to reduce the number of decision variables.

The main limitations in the initial formulation from (Pettersson, 2005) are the following: (1) maximum one heat exchanger may be placed between one source and one sink, (2) temperature intervals have to be decomposed manually in some situations. These limitations are removed with the proposed modifications which are described hereafter.

The following sets are defined:

- $S = \{s|s \text{ is a process source}\}$
- $D = \{d|s \text{ is a process demand}\}$
- $HU = \{hu|hu \text{ is a hot utility}\}$
- $CU = \{cu|cu \text{ is a cold utility}\}$
- $ES = \{es|es \text{ is an element in } s \in S\}$
- $ED = \{ed|ed \text{ is an element in } d \in D\}$

The following variables are used:

- A total heat exchange area after retrofit
- $A_{s,es,d,ed}$ heat exchange area for the transfer between element es in source s and element ed in   demand d
- $A_{s,es,cu}$ heat exchange area for the transfer between element es in source s and cold utility cu
- $A_{hu,d,ed}$ heat exchange area for the transfer between hot utility hu and element ed in demand d
- $b_{s,d}$ binary variable indicating if a match between source s and demand d is included in the solution
- $b_{s,cu}$ binary variable indicating if a match between source s and cold utility is included in the solution
- $b_{hu,d}$ binary variable indicating if a match between hot utility hu and demand d is included in the solution
- $by_{s,es,d}$ binary variable indicating if the element es in source s participates in the heat transfer to demand d
- $bx_{s,d,ed}$ binary variable indicating if the element ed in demand d participates in the heat transfer from source s

- q_{hu} total heat duty of hot utilities
- q_{cu} total heat duty of cold utilities
- $q_{s,es,d,ed}$ heat transfer between the element es in source s and element ed in demand d
- $q_{s,es,cu}$ heat transfer between the element es in source s and cold utility cu
- $q_{hu,d,ed}$ heat transfer between hot utility hu and element ed in demand d
- $x_{s,d,ed}$ use fraction for the heat transfer from source s to element ed in demand d
- $x_{s,d}^{split}$ demand split ratio for the match (s,d)
- $y_{s,es,d}$ use fraction for the heat transfer from element es in source d to demand d
- $y_{s,d}^{split}$ source split ratio for the match (s,d)
- $zx_{s,d,ed}$ binary variable indicating if $x_{s,d,ed}$ increases with ed
- $zy_{s,es,d}$ binary variable indicating if $y_{s,es,d}$ increases with es

Others:

- $Q_{s,es}$ available heat in element es in source s
- $Q_{d,ed}$ required heat in element ed in demand d
- $c1, \dots, c2$ annual cost factors (parameters)

Only variables involved in the bridge may be modified for the design.

A set of elements es in source s corresponds to each supplier P; a set of elements ed in demand d corresponds to each receptor R.

$$P = \{(s, es)\} \; s \in S, es \in ES$$
$$R = \{(d, ed)\} \; d \in D, ed \in ED$$

A match between a supplier P and a receptor R is noted (P, R). The set of existing matches E and the set of new matches in a bridge structure B are defined as follow:

$$E = \{(P, R)\} \quad \text{Set of initial matches}$$

$$B = \{(P, R)\} \quad \text{Set of new matches in bridge structures}$$

Heat transfer variables that are not involved in the bridge are fixed to their initial value. Criteria of involvement of variables $q_{s,es,d,ed}$, $q_{hu,d,ed}$ and $q_{s,es,cu}$ for the design of bridge are the following:

○ The variable $q_{s,es,d,ed}$ can be modified if one of these conditions is satisfied:

- $(s, es) \in P, (d, ed) \in R, (P, R) \in B$
- $(s, es) \in P, (d, ed) \in R, (P, R) \in E$ and $(P, RR) \in B$
- $(s, es) \in P, (d, ed) \in R, (P, R) \in E$ and $(PP, R) \in B$

○ The variable $q_{hu,d,ed}$ can be modified if $(d, ed) \in R$ and $(P, R) \in B$

○ The variable $q_{s,es,cu}$ can be modified if $(s, es) \in P$ and $(P, R) \in B$

- ○ Other heat transfer variables, which are not involved in bridge, are equal to their initial values:

- $q_{s,es,d,ed} = q^0_{s,es,d,ed}$
- $q_{hu,d,ed} = q^0_{hu,d,ed}$
- $q_{s,es,cu} = q^0_{s,es,cu}$

(1)   Objective function to be maximized is profit (revenue - investment):

$$\max \ (\ initial\ cost\ HU - c1\ q_{HU} + initial\ cost\ CU - c1\ q_{HU}$$

$$- c3\ (A - initial\ area) - \sum_{(P,R) \in B} c_{(P,R)}$$

$$- \sum_{s \in S, d \in D} c4_{s,d}\ b_{s,d} - \sum_{d \in D} c5_{hu,d}\ b_{hu,d} - \sum_{s \in S} c6_{s,cu}\ b_{s,cu}\ )$$

(2)   Evaluation of heat exchange area after HEN retrofit, A:

$$A = \sum_{s \in S} \sum_{es \in ES} \sum_{d \in D} \sum_{ed \in ED} A_{s,es,d,ed} + \sum_{d \in D} \sum_{ed \in ED} A_{hu,d,ed} + \sum_{s \in S} \sum_{es \in ES} A_{s,es,cu}$$

$$A_{s,es,d,ed} = \frac{q_{s,es,d,ed}}{U_{s,d} \Delta TLM_{s,es,d,ed}}$$

$$A_{hu,d,ed} = \frac{q_{hu,d,ed}}{U_{hu,d} \Delta TLM_{hu,d,ed}}$$

$$A_{s,es,cu} = \frac{q_{s,es,cu}}{U_{s,cu} \Delta TLM_{s,es,cu}}$$

(3)   Evaluation of utility consumption after HEN retrofit, q_{HU} and q_{CU}:

$$q_{HU} = \sum_{hu \in HU} \sum_{d \in D} \sum_{ed \in ED} q_{hu,d,ed}$$

$$q_{CU} = \sum_{s \in S} \sum_{es \in ES} \sum_{cu \in CU} q_{s,es,cu}$$

(4)   Evaluation of heat flows after HEN retrofit $q_{s,es,d,ed}$:

$$Q_{s,es} = \sum_{d \in D} \sum_{ed \in ED} q_{s,es,d,ed} + \sum_{cu \in CU} q_{s,es,cu}$$

$$Q_{d,ed} = \sum_{s \in B} \sum_{es \in ES} q_{s,es,d,ed} + \sum_{hu \in HU} q_{hu,d,ed}$$

$$q_{s,es,d,ed} \geq 0 \ \ and \ \ q_{s,es,cu} \geq 0 \ \ and \ \ q_{hu,d,ed} \geq 0$$

(4)   Evaluation   of   use   fraction   in   each   element   in   source   and demand, $y_{s,es,d}$ and $x_{s,d,ed}$:

$$y_{s,es,d} = \frac{1}{Q_{s,es}} \sum_{ed \in ED} q_{s,es,d,ed}$$

$$y_{s,es,cu} = \frac{1}{Q_{s,es}} \sum_{cu \in CU} q_{s,es,cu}$$

$$x_{s,d,ed} = \frac{1}{Q_{d,ed}} \sum_{es \in ES} q_{s,es,d,ed}$$

$$x_{hu,d,ed} = \frac{1}{Q_{d,ed}} \sum_{hu \in HU} q_{hu,d,ed}$$

(5)   The use fractions at the extremities are equal or smaller than the split ratios $y_{s,d}^{split}$ and $x_{s,d}^{split}$

$$y_{s,es,d} \leq y_{s,d}^{split}$$

$$x_{s,d,ed} \leq x_{s,d}^{split}$$

(6) Evaluation of binary variables $by_{s,es,d}$ and $bx_{s,d,ed}$ corresponding to use fraction $y_{s,es,d}$ and $x_{s,d,ed}$

$$by_{s,es,d} \geq y_{s,es,d}$$

$$bx_{s,d,ed} \geq x_{s,d,ed}$$

(7) The use fractions are grouped for the design:

$$by_{s,es,d} - by_{s,es-1,d} + \frac{1}{n_s} \sum_{ees=1}^{es-1} by_{s,ees,d} \leq 1$$

$$bx_{s,d,ed} - bx_{s,d,ed-1} + \frac{1}{n_d} \sum_{eed=1}^{ed-1} bx_{s,d,eed} \leq 1$$

(8) All the internal use fractions $y_{s,es,d}$ and $x_{s,d,ed}$ must be equal to $y_{s,d}^{split}$ and $x_{s,d}^{split}$:

$$y_{s,d}^{split} - y_{s,es,d} + by_{s,es-1,d} + by_{s,es,d} + by_{s,es+1,d} \leq 3$$

$$y_{s,d}^{split} - y_{s,es,d} - by_{s,es-1,d} - by_{s,es,d} - by_{s,es+1,d} \geq -3$$

$$x_{s,d}^{split} - x_{s,d,ed} + bx_{s,d,ed-1} + bx_{s,d,ed} + bx_{s,d,ed+1} \leq 3$$

$$x_{s,d}^{split} - x_{s,d,ed} - bx_{s,d,ed-1} - bx_{s,d,ed} - bx_{s,d,ed+1} \geq -3$$

(9) Evaluation of binary variables $b_{s,d}$, $b_{s,cu}$ and $b_{hu,d}$, where Q_s is the heat content of source s and Q_d is the heat required for demand d.

$$b_{s,d} \geq \frac{1}{nes} \sum_{es \in ES} by_{s,es,d}$$

$$b_{hu,d} \geq \frac{1}{Q_d} \sum_{ed \in ED} q_{hu,d,ed}$$

$$b_{s,cu} \geq \frac{1}{Q_s} \sum_{es \in ES} q_{s,es,cu}$$

(10) The following equations are not used in (Pettersson, 2005). These new constraints are proposed to decrease the number of decision variables. These relations represent the counter-current configuration of heat exchanger. These are obvious in network table, in which the variables $q_{s,es,d,ed}$ must be grouped in vertical or horizontal subsets. With these supplementary constraints, decision variables are limited to $y_{s,es,d}$ and $x_{s,d,ed}$.

$rs_{s,es,d,ed}$: *remaining heat source in es*

$rd_{s,es,d,ed}$: *remaining heat demand in ed*

$b_{s,es,d,ed} \in \{0,1\}$: *1 indicates heat excess; 0 indicates heat deficit*

$$rs_{s,es,d,ed} = y_{s,es,d} * Q_{s,es} - \sum_{eed=ed+1}^{ned} q_{s,es,d,eed}$$

$$rd_{s,es,d,ed} = x_{s,d,ed} * Q_{d,ed} - \sum_{ees=es+1}^{nes} q_{s,ees,d,ed}$$

$$b_{s,es,d,ed} \geq (rs_{s,se,d,de} - rd_{s,es,d,ed})/ Q_{s,es}$$

$$b_{s,es,d,ed} \leq 1 + (rs_{s,se,d,de} - rd_{s,es,d,ed})/ Q_{s,es}$$

$$q_{s,es,d,ed} \leq rs_{s,es,d,ed}$$

$$q_{s,es,d,ed} \leq rd_{s,es,d,ed}$$

$$q_{s,es,d,ed} \geq rs_{s,es,d,ed} - b_{s,es,d,ed} * Q_{s,es}$$

$$q_{s,es,d,ed} \geq rd_{s,es,d,ed} - (1 - b_{s,es,d,ed}) * Q_{s,es}$$

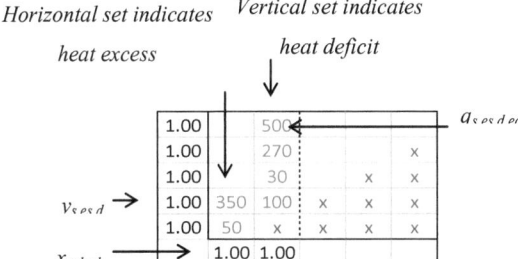

Counter-current configuration

Decomposition into smaller temperature intervals

In bridge analysis, the initial decomposition into temperature intervals is based on the hot end temperature of each supplier and cold end temperature of each receptor. However a further decomposition is sometime necessary to identify the arrangement of a new heat exchanger, i.e. a series or parallel configuration.

- Approach 1: Decomposition into small temperature intervals before optimization

  A maximum value for temperature intervals, e.g. 5°C, is set. This simple setting is sufficient and practical because only variables involved in the bridge are allowed to be varied (subset of all the variables).

- Approach 2: Further decomposition into temperature intervals after a first optimization run

  A temperature interval greater than a threshold value, e.g. 5°C, should be decomposed into smaller temperature intervals if it simultaneously meets the two following conditions in the solution from the optimization:

  1. The temperature interval es of the source s includes heat flows $q_{s,es,d,ed}$ sent to at least two different demand (d), or the temperature interval ed of a demand d includes heat flows $q_{s,es,d,es}$ that come from at least two different sources (s).
  2. At least one of these heat flows $q_{s,es,d,ed}$ is on the limit of the feasibility area, i.e. no lower temperature interval of the source can be used for the transfer with (d, ed).

Modifications to allow the placement of several heat exchangers between one source and one sink

The formulation proposed by (Pettersson, 2005) does not allow the placement of more than one heat exchanger between a same source and a same sink. This restriction is removed with the following modifications.

1. Replace $b_{s,d}$ by $n_{s,d}$ in the objective function of equation 1 ($n_{s,d}$ will be the number of exchangers between source s and demand d)

2. Remove equation 7 (grouping of use fractions $by_{s,es,d}$ and $bx_{s,d,ed}$).

3. Add below constraints:

$$n_{s,d} \geq \sum_{es=1}^{nes} zy_{s,es,d} \quad \forall s,d$$

$$n_{s,d} \geq \sum_{es=1}^{nes} zx_{s,d,ed} \quad \forall s,d$$

$$zy_{s,es,d} \geq by_{s,es,d} - by_{s,es,d} \qquad zy_{s,es,d} = 1 \text{ If } by_{s,es,d} \text{ increases}$$

$$zy_{s,1,d} = by_{s,1,d}$$

$$zx_{s,d,ed} \geq bx_{s,d,ed} - bx_{s,d,ed-1} \qquad zx_{s,d,ed} = 1 \text{ If } bx_{s,d,ed} \text{ increases}$$

$$zx_{s,d,1} = bx_{s,d,1}$$

$$by_{s,es,d} \geq y_{s,es,d}$$

$$by_{s,es,d} \leq 0.99 + y_{s,es,d} \qquad by_{s,es,d} = 0 \text{ If } y_{s,es,d} < 0.01$$

$$bx_{s,d,ed} \geq x_{s,d,ed}$$

$$bx_{s,d,ed} \leq 0.99 + x_{s,d,ed} \qquad bx_{s,d,ed} = 0 \text{ If } x_{s,d,ed} < 0.01$$

Printed by Books on Demand GmbH, Norderstedt / Germany